버섯 대백과

이 책을 보는 방법　　3
버섯 특징과 구별방법　　4
버섯용어　　6

chapter 1 주변에 발생하는 버섯　　7
chapter 2 잡목림·혼합림에 발생하는 버섯　　53
chapter 3 소나무숲에 발생하는 버섯　　213
chapter 4 일본잎갈나무숲에 발생하는 버섯　　257
chapter 5 자작나무숲에 발생하는 버섯　　285
chapter 6 전나무숲·솔송나무숲에 발생하는 버섯　　299
chapter 7 꼭 필요한 버섯 정보

　　버섯의 독　　324
　　버섯 채취할 때 주의사항　　334
　　추천 버섯요리　　336
　　버섯 보관방법　　344

이 책을 보는 방법

이 책은 버섯이 발생하는 장소에 따라 〈주변〉〈잡목림·혼합림〉〈소나무숲〉〈일본잎갈나무숲〉〈자작나무숲〉〈전나무·솔송나무숲〉으로 나누어 소개하고 있다. 그러나 예를 들어 현재는 넓은잎나무가 자라는 잡목림이라도, 이전에 소나무가 자라던 곳에서는 소나무숲에 발생하는 버섯이 자라기도 한다.

> 버섯의 표준 명칭 및 별명, 과명을 표시한다.

> 비슷한 버섯을 보여준다. 독이 있는 것은 주의한다.

> 버섯에 대한 설명이다. 확인할 때 사진과 함께 참조한다.

> 해당 버섯을 이용한 요리 예를 보여준다.

> 버섯의 특징을 사진으로 보여준다. 확인할 때 참조한다.

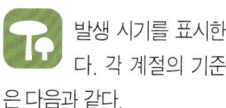 식용에 적합
맛과 향이 좋고, 씹는 맛이 좋아서 일반적으로 식용하는 버섯이다.

식용에 부적합
쓴맛이나 떫은맛이 강한 것, 식용 가치가 없는 것 등 일반적으로 식용에 적합하지 않은 버섯이다.

독성 미확인
현재 식용하고 있지만 독이 있는지 불분명한 버섯이다.

먹는 방법에 주의
식용할 수 있지만, 중독될 가능성이 있는 버섯이다. 식용할 때는 다음과 같은 점에 주의한다.
① 충분히 익히고, 날것이나 설구운 것은 먹지 않는다.
② 일단 데쳐서 그 물은 버리고 조리한다.
③ 버섯만으로 배부르게 과식하지 않는다.

독성
독이 있는 버섯이다. 충분한 주의가 필요하다. 또, 현재는 식용하고 있는 버섯이라도, 나중에 독버섯으로 취급될 가능성이 충분히 있다는 것을 기억해둔다.

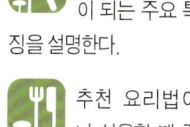 주요 발생 장소를 표시한다. 식물명은 표준 명칭으로 한다.

발생 시기를 표시한다. 각 계절의 기준은 다음과 같다.
· 봄―벚꽃이 필 무렵
· 여름―장마가 끝나고 단풍이 들기 전까지
· 가을―단풍 시기
· 겨울―단풍이 지고 서리가 내릴 무렵

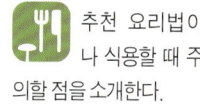 구별할 때 도움이 되는 주요 특징을 설명한다.

추천 요리법이나 식용할 때 주의할 점을 소개한다.

33

버섯 특징과 구별방법

찾은 버섯을 정확하게 판별하기 위해서는 버섯의 특징이 되는 부분을 잘 알아둔다. 버섯 각 부분의 특징을 확인할 때 참고한다.

【갓】 먼저 눈에 가장 잘 보이는 버섯모양부터 판단한다.

모양

반구형	찐빵모양	반반구형	중앙볼록형	원뿔모양	종모양

원통모양	중앙오목형	깔때기모양	곤봉모양	반원모양	주걱모양

(※ 반원모양과 주걱모양은 바로 위에서 본 모양)

표면모양

부채모양	홈선모양	돌기선모양	섬유모양	인편이 있다	사마귀점모양

나이테모양	거북등모양	매끈한 모양

【주름살(갓 뒤쪽)】 버섯을 뒤집어 본다. 갓 뒤쪽은 종류에 따라 모양이 다르므로 구별할 때 참고한다.

색

흰색 : 홀씨의 색이 흰색. 무당버섯과, 느타리과, 치마버섯과, 벚꽃버섯과, 송이과, 광대버섯과 등

유색 : 홀씨에 색이 있는 것, 주름버섯과, 먹물버섯과, 독청버섯과, 끈적버섯과, 우단버섯과, 마개버섯과 등

그 외 : 갓 뒤쪽에 구멍이 있는 모양, 잎새버섯처럼 특이한 모양 등이 있다.

모양

성기다	빽빽	작은 주름살이 있다	갈라진다

연결맥이 있다	관공	침모양	잔물결모양

【대주머니】

외피막 주머니. 주로 주름버섯목 버섯에서 볼 수 있다. 버섯이 자라면서 찢어져 밑동에 남은 것. 갓 표면에 남으면 사마귀점이 된다.

주머니모양	얕은 대주머니	가루모양의 대주머니 흔적	나이테모양의 대주머니 흔적

각 부분의 명칭과 구별 방법

표면도 단면도

【주름살과 대가 만나는 부분】

주름살과 대가 떨어져 있는 것, 주름살이 대에 늘어지듯이 내려 붙어 있는 것 등 차이가 있다. 떨어져 있는지 붙어 있는지의 차이로 구분한다.

떨어져붙기   끝붙기   올려붙기

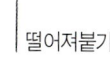  

홈파져붙기   바로붙기   내려붙기

【주름살 가장자리】

주름살 가장자리도 자세히 보면 매끄러운 것, 깔쭉깔쭉한 톱니모양 등이 있다.

매끈하다   작은 주름살이 있다   톱니모양

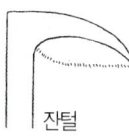 

잔털   가장자리가 선명하다

【턱받이】

대에 있는 펄럭펄럭한 막 같은 모양으로, 버섯 종류에 따라 있는 것과 없는 것이 있다. 옛날 검의 손잡이와 날 사이에 있는 칼코등이 같은 모양이다. 2겹인 것, 고리모양, 거미집모양 등이 있다.

【대】

대의 모양과 표면모양은 모두 10종류. 대가 없는 것도 있다.

모양

곤봉모양   알뿌리모양

불룩한 모양   뿌리모양

표면 상태

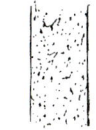   

얼룩모양   알갱이모양   섬유모양   인편모양   그물모양   곰보모양

대가 붙는 모양

 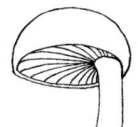 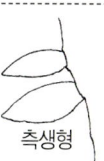  

중심형   편심형   상부형   측생형   반배착생   배착생

버섯용어 (가나다 순서)

- **관공** 갓 뒤쪽의 모양 중 하나. 주름살은 특별히 없지만 대신에 구멍이 매우 많다.
- **군생** 버섯이 무리 지어 많이 발생하는 모습.
- **균륜** *fairy ring* 버섯이 원을 그리듯이 발생하는 모양. 요정의 고리.
- **균사** 버섯의 몸을 만드는 가는 실모양의 세포.
- **균핵** 균사가 밀집하여 덩어리모양이 되어 일시적 휴면상태가 된 것.
- **기본체** *gleba* 곰보버섯(p.11) 등의 복균류로, 홀씨와 홀씨를 만드는 세포를 포함한 조직 전체. 곰보버섯에서는 머리에 해당하는 부분으로 자라면 가룻덩어리 모양, 점액모양이 된다.
- **기부** 버섯의 밑동.
- **나이테무늬** 갓 한가운데를 중심으로 원을 그리듯이 무늬가 있는 것. 환문(環紋).
- **단생** 버섯이 하나씩 발생하는 모양.
- **담자균** 담자기에서 홀씨를 만드는 균류의 총칭. 송이 등의 주름버섯목 버섯을 비롯해 버섯이라 불리는 대부분의 버섯이 포함된다.
- **돌기선** 깔때기무당버섯(p.156)처럼 갓 주변에 홈통모양으로 움푹 파인 선을 말한다. 홈선보다 선이 뚜렷하다.
- **무성기부** 말불버섯과 같이 자실체에서 유성 홀씨를 만들지 않는 아랫부분.
- **버섯** 균류가 형성하는 자실체를 가리키는 일반적인 이름.
- **버섯나무** 버섯을 재배하기 위해 버섯균을 심은 나무. 골목.
- **빽빽** 주름살과 주름살 간격이 좁은 상태.
- **성균** 버섯이 자라서 갓이 핀 상태.
- **성기다** 주름살과 주름살 간격이 넓은 상태.
- **식용버섯** 먹을 수 있는 버섯.
- **씨균** 버섯을 재배하기 위해 순수 배양한 균. 심으면 버섯이 발생한다. 종균
- **염장** 보관방법의 하나. 소금을 뿌려 저장하는 것.
- **외피막** 주름버섯목의 버섯을 싸고 있는 막으로, 버섯이 자라면서 찢어져 갓 표면에 사마귀점으로 남거나, 밑동에 주머니모양의 대주머니로 남는다.
- **원목** 버섯 재배를 위해 각각의 길이로 준비된 나무.
- **유균** 갓이 피지 않은 봉오리 상태의 어린 버섯.
- **인편** 비늘모양으로 손거스러미처럼 크게 갈라진 것.
- **자실체** 균류에서 홀씨를 만드는 기관. 미세한 것에서 지름 1m에 이르는 것까지 있다. 눈으로 보이는 것을 일반적으로 버섯이라 한다.
- **톱니모양** 톱날처럼 깔쭉깔쭉한 모양.
- **헛뿌리** 밑동이 식물의 뿌리처럼 되어 있는 모습.
- **홈선** 달걀버섯(p.168) 등의 갓 가장자리에 방사상으로 있는 선을 말한다.
- **환구** 環溝 홈처럼 파인 나이테무늬가 겹겹이 있는 것.

포자문 만드는 법

성숙한 버섯을 엎어두면 홀씨가 떨어져 주름살 모양을 찍을 수 있다. 홀씨 색까지 모두 나타나지 않지만, 버섯의 속(屬)이나 과(科)마다 공통점이 있으므로 버섯 종류를 확인하는 하나의 방법이다.

1 성숙한 버섯을 준비하여 대를 잘라낸다.

2 흰색 종이(여과지 등) 위에 주름살을 아래로 하여 엎어둔다.

3 공모양의 솜을 물에 적셔서 갓 중앙에 올려놓는다.

4 진동이 없는 조용한 장소에 두고, 밥공기 등을 덮어 반나절 정도 놔둔다.

5 엎어두었던 버섯을 들어보면 종이 위에 포자문이 남는다.

chapter 1

주변에 발생하는 버섯

주변에 발생하는 버섯

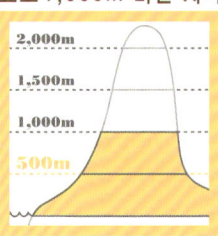
표고1,000m 미만 지역

일부러 산에 올라가지 않아도 집 주변이나 공원 등에서도 버섯을 볼 수 있다.
공원에서는 마음대로 채취하면 안 된다.

【주변 여기저기】

공원에서 사람의 눈길이 잘 미치지 않는 그루터기를 찾는다

모밀잣밤나무나 떡갈나무숲은 근교의 가장 가까운 삼림이다. 자연산 표고를 찾을 수도 있다. 나무 사이로 햇빛이 조금 들어오는 곳에 있는 나무 그루터기나 마른나무 줄기나 밑동을 살펴본다.
또, 공원 옆 풀밭에서도 버섯을 볼 수 있다.

버섯찾는 point
- 나무 그루터기나 쓰러진 나무
- 모밀잣밤나무나 떡갈나무 밑동
- 오래된 큰 나무의 갈라진 틈

찾을 수 있는 버섯
표고, 팽이버섯, 뽕나무버섯, 갈색먹물버섯, 털목이, 소혀버섯, 흑자색그물버섯

나무 그늘 등이 목표 지점
모밀잣밤나무나 떡갈나무 등 큰 나무가 있는 고궁의 울창한 숲도 버섯이 잘 발생하는 장소이다.

【정원】

정원의 한쪽 구석도 주목

집에 있는 정원은 버섯을 찾을 수 있는 가장 가까운 장소이다. 보통 가지 않을 것 같은 장소를 찾아본다. 정원 구석의 풀이 우거진 곳, 담장 근처, 뒤뜰로 가는 통로 등 보통 때는 별로 신경 쓰지 않던 곳에서 버섯을 찾는 행운을 만날지도 모른다.

버섯찾는 point
- 보통 잘 가지 않을 것 같은 장소
- 뒤뜰이나 좁은 통로
- 마른나무나 나무 그루터기
- 쓰레기장 근처

찾을 수 있는 버섯
곰보버섯, 왕송이버섯, 턱받이금버섯, 두엄먹물버섯, 말불버섯

【과수원·밭】

풀숲 등을 찾는다

과수원이나 밭 등에서도 버섯을 찾을 수 있다. 잡초가 없이 잘 정리된 곳보다 방치되어 있는 과수원 등이 버섯을 찾기 쉽다. 단, 어떤 곳이나 다른 사람의 사유지에 마음대로 들어가는 것은 물론 법률 위반이므로 반드시 허가를 받는다. 자주색이 예쁜 자주방망이버섯아재비, 이른 봄에 발생하는 방패외대버섯 등 맛있는 버섯을 볼 수 있다.

사과밭도 버섯이 많다
사과 등의 장미과 과수원에는 다색벚꽃버섯 등이 발생한다.

버섯찾는 point
- 그다지 손길이 닿지 않는 잡초가 많은 곳
- 나무 그루터기나 마른나무 및 그 주변
- 사람이 다니지 않는 비탈
- 밭두렁이나 이랑, 비닐하우스 옆 등
- 덧거름 더미
- 들어가는 것이나 채취 허가를 받는다.

찾을 수 있는 버섯
방패외대버섯, 팽이버섯, 잿빛만가닥버섯, 자주방망이버섯아재비, 왕송이버섯

【대나무숲】

떨어진 대나무잎 아래도 주의해 본다

흰우단버섯은 대나무숲에서도 찾을 수 있는 버섯이다. 성장이 빠르므로 발생하는 장소를 기억해둬 시기를 놓치지 않도록 한다. 대나무숲은 풀이 잘 생기지 않으므로 풀숲보다는 찾기 쉽지만, 떨어진 대나무 잎이 썩지 않고 계속 땅위에 남아 있으므로 그 아래도 주의 깊게 살펴봐야 한다.

버섯찾는 point
- 낙엽 아래
- 대나무숲에서 떨어져 있는 풀숲

찾을 수 있는 버섯
흰우단버섯, 자주방망이버섯아재비, 잿빛만가닥버섯

【풀밭】

풀숲이나 나무 그늘이 생기는 곳

풀밭이나 목장에서는 흰우단버섯이나 큰갓버섯 등을 볼 수 있다. 또, 덧거름 위에 발생하는 먹물버섯 등도 희고 우아한 모습을 드러낸다. 무성한 풀숲이나 목장의 나무 그늘이 지는 곳도 살펴본다.

풀밭이나 목장도 버섯 채취 장소
밝은 곳을 좋아하는 개성 있는 버섯을 볼 수 있다.

버섯찾는 point
- 사람이 다니지 않을 듯한 구석진 곳
- 풀숲
- 비탈

찾을 수 있는 버섯
자주방망이버섯아재비, 흰우단버섯, 큰갓버섯, 먹물버섯, 턱받이금버섯

001 별명 : —

방패외대버섯

식용에 적합

외대버섯과
방패외대버섯

채취 장소에 따라 농약에 오염되었을 수도 있다

봄에 벚나무 등 장미과 나무 근처나 사과·배나무 등의 과수원에 군생한다. 갓은 회색, 주름살은 흰색에서 분홍색을 띤 회색이 되며, 조직은 흰색이다. 먹을 수 있으나 채취 장소에 따라서는 농약 등에 오염되었을 우려가 있으므로 주의한다. 데쳐서 익힌 후 마리네로 만들면 씹는 맛이 좋다.

 【발생 장소】 장미과 나무 밑이나 그 주변의 땅위

 【발생 시기】 봄. 고원에서 아그배나무꽃이 필 무렵

 【구별 방법】 갓은 회색에서 갈색. 주름살은 어려서는 흰색, 자라면 분홍색을 띤다.

 【먹는 방법】 마리네, 간장조림, 국, 조림, 볶음 등

갓이 갈색을 띠는 것도 있다. 대는 갓보다 조금 옅은 색이다.

● **버섯이야기**
씹는 맛이 좋은 것이 방패외대버섯의 매력. 봄에 산초나무 새싹과 함께 간장조림을 하면 보관도 쉽고, 맛도 쫄깃쫄깃하다.

○ 주름살은 어려서는 흰색이고, 자라면서 분홍색을 띤다.

땅위에 군생 또는 속생한다. 갓은 회색이다.

곰보버섯과
곰보버섯

날로 먹으면 중독되므로 충분히 익힌다

숲속이나 길가 등에 나는데, 전나무나 가문비나무 등의 주변에서 자주 볼 수 있다.
프랑스나 이탈리아에서는 많이 사용하는 요리 재료로 말린 버섯이나 가루를 판다. 날것을 익히면 씹는 맛이 좋고, 말린 것은 감칠맛과 향이 좋다.
독이 있으므로 반드시 데쳐서 그 물은 버리고 조리하며, 너무 많이 먹지 않는다.

별명 : ―
먹는 방법에 주의

곰보버섯

 【발생 장소】 각종 숲속의 땅위. 심어 놓은 전나무나 가문비나무 근처

 【발생 시기】 봄

 【구별 방법】 갓은 달걀모양이며 성긴 그물모양으로 파여 있고, 파인 곳은 속이 비어 있다.

 【먹는 방법】 반드시 데쳐서 물은 버리고 조리한다.

자라면 갓이 황갈색이고, 대는 갓보다 옅은 색이다.

모르켈라 코니카 *Morchella conica*. 발생 장소나 시기는 곰보버섯과 같다. 먹는 방법에 주의한다.

군생 또는 단생한다.

003 선녀낙엽버섯

별명 : —

식용에 적합

송이과
선녀낙엽버섯

【발생 장소】 공원이나 잔디운동장 등의 땅위

【발생 시기】 장마철

【구별 방법】 갓은 황토색이고, 자라면 거의 평평해진다. 주름살은 성기고, 대는 속이 비어 있다.

【먹는 방법】 국 등

유럽에서는 식용하는 것이 일반적

갓 지름이 3~4cm로 작은 황토색 버섯이다. 우리나라에서는 잘 알려지지 않았지만, 유럽에서는 일반적으로 식용하는 버섯으로 말린 버섯의 병조림 등도 팔고 있다.

갓은 지름이 3~4cm이고 황토색이다. 주름살은 성기고, 대는 속이 비어 있다.

자라면 갓이 거의 평평해진다.

004 흰볼록버섯

별명 : 모래배꼽버섯, 혹얼룩배꼽버섯

식용에 부적합

송이과
흰볼록버섯

【발생 장소】 각종 숲속이나 길가, 공원의 땅위

【발생 시기】 초여름~가을

【구별 방법】 갓은 유백색에서 옅은 황갈색. 어려서는 찐빵모양이지만, 자라면 거의 평평해진다.

【먹는 방법】 식용에 부적합하다.

독특한 맛과 향이 있다

숲이나 공원 등의 땅위에 군생한다. 갓은 표면이 매끄럽고, 자라면 거의 평평해진다.
독특한 맛과 향이 있으며, 일반적으로 식용에 부적합하다.

갓 표면이 매끄럽다. 대에는 검고 작은 인편이 많이 있다.

송이과
흰우단버섯

별명 : —

식용에 적합

005 흰우단버섯

생육이 빠르고 크게 자라는 식용버섯

때로는 갓 지름이 25㎝나 되는 버섯이다. 어려서는 갓이 찐빵모양이지만 자라면 위로 젖혀져서 납작한 깔때기모양이 된다. 색은 유백색에서 상아색. 표면은 매끄럽고 비단 같은 광택이 있다.

생육이 빠르므로 채취 시기를 놓치지 않도록 주의한다. 냄새가 강하지만 여러 요리에 이용할 수 있다.

 【발생 장소】 각종 숲이나 밭, 공원, 대나무숲 등의 땅위

 【발생 시기】 여름 ~ 가을

 【구별 방법】 갓은 어려서는 찐빵모양이며 가장자리가 뒤로 말려 있다. 자라면 납작한 깔때기모양이 된다.

 【먹는 방법】 볶음, 스튜 등 끓이는 요리

부엽토에 많다. 군생하거나 조금 간격을 두고 군데군데 자란다.

때로는 갓 지름이 25㎝나 된다.

갓 표면은 유백색에서 상아색이며 매끄럽다. 어려서는 가장자리가 뒤로 말려 있다. 주름살은 빽빽하고 옅은 노란색.

갓은 크기가 7~8㎝. 자라면 깔때기모양이 된다.

별명 : —

자주방망이버섯아재비

식용에 적합

송이과
자주방망이버섯아재비

옅은 자주색이 점차 흰색에서 회황색으로 변한다

예쁜 자줏빛 버섯이다. 갓은 표면이 매끄럽고, 옅은 자주색에서 흰색으로 옅어지다 마지막에 회황색으로 변한다. 주름살은 조금 성기고, 갓과 마찬가지로 옅은 자주색이다.

먹을 때는 데쳐서 그 물은 버리고 조리한다. 프렌치드레싱으로 무쳐서 밑간을 한 후 제철 채소와 함께 샐러드로 만들어 먹으면 좋다.

 【발생 장소】 잔디나 밭, 대나무숲, 길가 등의 땅위

 【발생 시기】 장마철

 【구별 방법】 주름살은 갓보다 조금 옅은 색이며, 생김새가 다양하다. 갓은 옅은 자주색에서 회황색으로 변한다.

 【먹는 방법】 샐러드, 무침 등

대는 표면에 섬유모양의 가늘고 긴 선이 있고, 속은 차 있다. 조직은 아주 옅은 자주색이다.

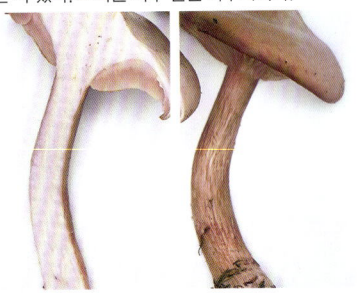

갓은 표면이 매끄럽다. 신선한 것은 아름다운 옅은 자주색. 주름살은 조금 성기고, 갓처럼 옅은 자주색이다.

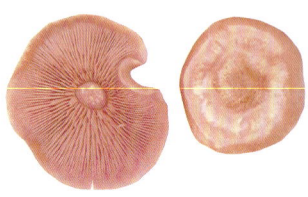

자라면 갓이 위로 젖혀지듯이 피고, 희끄무레하게 색이 옅어진다.

어려서는 찐빵모양이며, 아름다운 옅은 자주색이다.

송이과
자주졸각버섯

별명 : —

식용에 부적합

007
자주졸각
버섯

전체가 선명한 자주색

갓 지름이 약 2㎝인 작은 버섯이다. 전체가 자주색이며, 특히 주름살은 색이 잘 옅어지지 않고 투명한 색이 오래간다. 습한 환경에서는 색이 짙어지고, 건조한 환경에서는 회갈색을 띤다. 대는 위아래 굵기가 거의 같고, 밑동은 색이 옅다.

작고 조직도 얇아서 잘 채취하지 않으며, 식용에도 부적합하다.

 【발생 장소】 각종 숲속이나 밭, 정원, 길가 등의 땅위

 【발생 시기】 여름~가을

 【구별 방법】 갓은 지름이 약 2㎝. 전체가 자주색. 주름살은 자라서도 색이 잘 옅어지지 않는다.

 【먹는 방법】 식용에 부적합하다.

전체가 자주색. 주름살은 투명한 자주색으로 오래간다.

어려서는 갓이 평평한 찐빵모양.

주름살은 색이 잘 옅어지지 않는다. 대는 표면에 섬유모양의 가는 선이 있고, 속은 비어 있다.

별명 : 천댁쟁이, 무데기버섯, 방망이버섯

 식용에 적합

송이과
잿빛만가닥버섯

갓은 옅은 회색에서 갈색까지 다양하다

갓은 옅은 회색에서 갈색이고, 비백무늬(붓으로 살짝 스친 것 같은 잔무늬)가 있는 것도 있다. 조직은 흰색으로 두껍고, 대는 갓과 같은 색이다.

흙에 묻힌 건축 자재에서 나는 것도 있고, 조성된 부지 등에서도 발견된다. 아삭아삭 씹는 맛이 좋고 깊은 맛이 있어서 여러 요리에 폭넓게 이용할 수 있다.

재배도 가능하다.

 【발생 장소】 밭이나 길가, 정원 등의 땅위

 【발생 시기】 여름~가을

 【구별 방법】 갓은 옅은 회색에서 갈색. 크고 작은 주름살이 빽빽하게 모여 있다.

 【먹는 방법】 밥, 국, 무침, 조림, 구이, 볶음 등

땅찌만가닥버섯과 비슷하며, 맛과 향이 좋고 깊은 맛이 있다.

주름살은 흰색이며, 크고 작은 주름살이 빽빽이 모여 있다.

갓이 펴도 조직은 단단하다.

자라면 색이 옅어지거나 반점이 생긴다.

어릴 때는 반구형.

자라면 갓이 물결모양으로 핀다.

반구형 갓이 피면 가운데가 조금 오목해진다.

Cooking

흰살생선과 버섯 무조림

한군데 뭉쳐서 군생하는 것이 많다.

17

009 별명 : —

스트로빌루스 오시마이

식용에 적합

송이과
스트로빌루스 오시마이
Strobilurus ohshimae

[발생 장소] 삼나무 낙엽이나 마른 가지

[발생 시기] 가을

[구별 방법] 갓은 흰색이며 투명한 느낌이다. 갓과 대는 모두 잔털로 덮여 있다.

[먹는 방법] 국, 무침 등

서리가 내릴 무렵 투명한 모습을 드러낸다

서리가 내리고 눈이 내리기 시작할 때 주로 삼나무 마른 가지에서 발생한다. 갓은 흰색이며, 햇빛이 비치면 투명한 느낌이 나서 더욱 아름답다. 주름살은 약간 빽빽하며, 대는 위쪽은 갓처럼 투명한 느낌의 흰색이고, 아래쪽은 황토색이다.
갓 지름이 약 2㎝인 작은 버섯인데 식용한다. 무침 등 씹는 맛을 살리는 요리가 좋다.

눈이 내릴 때 발생한다. 투명한 느낌의 아름다운 모습이다.

갓은 어려서는 찐빵모양. 차츰 평평해지고 가운데가 옅은 회색을 띤다.

대는 위쪽은 흰색, 아래쪽은 황토색. 갓과 대는 모두 잔털로 덮여 있다.

대는 가늘고 단단하다. 밑동은 끝이 뾰족하고, 주름살은 조금 빽빽하다.

삼나무 낙엽이나 마른 가지에서 발생한다.

010 왕송이버섯

별명 : —

식용에 적합

송이과
왕송이버섯

 【발생 장소】 밭이나 정원, 공터, 길가 등의 땅위

 【발생 시기】 여름~가을

 【구별 방법】 전체가 흰색에서 상아색. 매우 크다.

 【먹는 방법】 버터볶음, 포타주 등의 국, 튀김 등

전체가 흰색에서 상아색이다.

한 덩어리가 커서 화제가 된다

한 덩어리가 거대해서 무게 10kg 정도는 보통이고, 때로는 100kg이나 되어 뉴스 등에서 화제가 되기도 한다. 본래는 일본 오키나와[沖繩] 현이나 아마미[庵美] 제도 등 온난한 지역에서 많이 발견되는 버섯이다.

어려서는 땅찌만가닥버섯(p.56)과 비슷한데, 벌써 1개의 크기가 20㎝ 이상 된다. 어릴 때는 맛과 향도 좋다.

011 황소낙엽버섯

별명 : —

 식용에 부적합

송이과
황소낙엽버섯

 【발생 장소】 활엽수림이나 풀밭, 길가 땅위

 【발생 시기】 가을

 【구별 방법】 갓에 방사상의 주름이 있다. 주름살은 흰색이며, 비교적 성기다.

 【먹는 방법】 식용에 부적합하다.

갓은 밝은 황토색이며 방사상의 주름이 있다

일본잎갈나무숲이나 활엽수림을 비롯해 풀밭이나 길가 땅위에 난다. 밝은 황토색으로 키가 20㎝이고, 갓은 지름이 약 10㎝인 것도 있으며, 방사상의 주름이 있다.

대는 단단하고 밑동이 조금 굵다. 속은 차 있다.

갓은 밝은 황토색. 방사상의 주름이 있다. 주름살은 흰색이며 비교적 성기다.

송이과
큰졸각버섯

별명 : —

012

큰졸각
버섯

 식용에 부적합

사람이나 동물이 배뇨한 자리에 잘 발생한다

사람이나 동물이 배뇨한 자리에 잘 발생하는 암모니아균 종류의 하나이다. 전체가 붉은빛을 띠는 살구색이며, 주름살도 살구색이다. 갓은 가운데가 오목하고, 자라면 위로 젖혀지고 가장자리가 물결모양이다. 주름살은 성기고 두툼하다. 대는 표면에 섬유모양의 선이 있고, 밑동은 옅은 자주색 균사로 덮여 있다.

먹을 수는 있지만 맛과 향이 좋지 않아 일반적으로 식용에 부적합하다.

 【발생 장소】 산길 등 배뇨 흔적이 있는 곳

 【발생 시기】 여름~가을

 【구별 방법】 전체가 붉은빛을 띠는 살구색이다. 자라면 갓 가장자리가 물결모양이다. 대는 밑동이 옅은 자주색 균사로 덮여 있다.

 【먹는 방법】 식용에 부적합하다.

대는 밑동이 옅은 자주색 균사로 덮여 있고, 속은 차 있다. 어릴 때는 갓이 찐빵모양.

자라면 갓이 큰 물결모양이다. 주름살은 성기고 두툼하다.

갓은 가운데가 오목하다.

속생 또는 여기저기 흩어져서 단생한다.

013 흰색처녀버섯

별명 : —

식용에 적합

[발생 장소] 각종 숲속이나 풀밭, 일본잎갈나무숲 땅위

[발생 시기] 가을

[구별 방법] 전체가 유백색이다. 주름살은 성기고, 대에 내려 붙는 모양이다.

[먹는 방법] 초무침 등의 무침, 국 등

벚꽃버섯과
흰색처녀버섯

부드러운 느낌의 유백색 버섯

숲속이나 풀밭 이외에 일본잎갈나무숲의 땅위에 잘 발생한다. 갓도 주름살도 대도 모두 유백색이고 조직도 유백색으로 이름과 잘 어울리는 모습이다. 주름살은 성기고 대에 내려 붙으며, 대는 밑동이 조금 가늘다.

작은 버섯이지만 옅은 흰색이고 특별한 맛과 향이 없어 여러 요리에 이용할 수 있다. 데쳐서 나물이나 식초로 양념하는 요리로 좋다.

주름살은 성기다.

자라면 주름살이 대에 내려 붙는다.

갓은 어릴 때는 찐빵모양. 자라면 벌어져서 옅은 갈색을 띤다.

전체적으로 유백색을 띤다. 작은 버섯.

벚꽃버섯과
처녀버섯

갓은 살구색. 주름살은 성기고, 유백색.

갓은 어려서는 찐빵모양이고, 자라면 거의 평평하다. 주름살은 대에 내려 붙는다.

별명 : —

식용에 적합

014

처녀버섯

- 【발생 장소】 각종 숲속이나 풀밭의 땅위
- 【발생 시기】 여름 ~ 가을
- 【구별 방법】 갓은 살구색. 주름살은 유백색으로 대에 내려 붙는다.
- 【먹는 방법】 푹 끓이는 요리 등

주름살은 유백색으로 대에 내려 붙는다

숲속이나 풀밭 등의 땅위에 군생한다. 갓은 살구색으로 어려서는 찐빵모양이고, 자라면 평평하게 벌어진다. 주름살은 유백색으로 성기고, 대에 내려 붙는다.
푹 끓이는 서양요리에 좋다.

벚꽃버섯과
이끼꽃버섯

어릴 때는 반구형. 자라면 벌어지고 녹색 점액도 적어진다.

자라면 갓은 노란색에서 옅은 갈색이 된다. 주름살은 성기다. 대는 여려서 잘 찢어진다.

별명 : 이끼벚꽃버섯

 **독성**

015

이끼꽃버섯

- 【발생 장소】 각종 숲속이나 풀밭의 땅위
- 【발생 시기】 여름 ~ 가을
- 【구별 방법】 어릴 때는 갓이 노란색. 자라면 퇴색한다.
- 【먹는 방법】 독이 있으므로 식용하지 않는다.

어릴 때는 갓이 녹색 점액으로 덮여 있다

갓은 어릴 때는 반구형이고, 녹색 점액이 있다. 자라면서 퇴색하여 노란색에서 옅은 갈색을 띤다. 주름살은 성기고, 거무스름한 노란색.
독이 있으므로 먹지 않는다.

016 붉은산꽃버섯

별명 : 붉은산벚꽃버섯

 독성

벚꽃버섯과

붉은산꽃버섯

 【발생 장소】 각종 숲속이나 풀밭, 조릿대나무숲, 대나무숲, 잔디 위

 【발생 시기】 여름

 【구별 방법】 갓은 어릴 때는 원뿔모양. 밝은 주황색이며, 비 갠 후 등 습한 환경에서는 점액이 있다.

 【먹는 방법】 독이 있으므로 식용하지 않는다.

먹기도 하지만 가벼운 중독을 일으키는 경우가 있으므로 주의

갓은 어릴 때는 원뿔모양이다. 차츰 벌어지지만 가운데는 그대로 뾰족한 모양으로 자란다. 사진에는 대가 긴 것이 많이 보이지만 양지바른 곳에서는 대가 짧다.

먹기도 하는데, 가벼운 중독을 일으키는 경우도 있으므로 먹지 않는다.

비가 갠 후에는 점액이 나와 아름답다. 양지바른 곳에서는 대가 더 짧아진다.

대는 속이 비어 있다. 조직은 흰색이며, 상처가 나거나 오래된 부분은 검게 변한다.

상처가 나거나 오래된 부분은 검게 변한다. 주름살은 성기고 옅은 노란색.

숲속이나 풀밭 등의 땅위에 군생 또는 단생한다.

먹물버섯과
족제비눈물버섯

별명 : －

017

족제비
눈물버섯

독성

【발생 장소】 넓은잎나무 그루터기나 그 주변

【발생 시기】 여름 ~ 가을

【구별 방법】 갓은 갈색에서 옅은 황토색. 주름살은 흰색에서 옅은 적자색, 자줏빛을 띤 갈색으로 변한다.

【먹는 방법】 독이 있으므로 식용하지 않는다.

어린 갓은 반구형
갓은 반구형에서 점차 평평하게 벌어진다. 대는 흰색이고 속은 비어 있다. 중독되기도 하므로 먹지 않는다.

갓은 반구형이며, 곧 평평하게 벌어진다. 넓은잎나무 그루터기 주변 등에 군생한다.

갓은 습한 환경에서는 점액이 있고, 가장자리에 껍질막이 남는 것도 있다.

먹물버섯과
큰눈물버섯

별명 : －

018

큰눈물
버섯

독성

【발생 장소】 숲속이나 풀밭, 길가 등의 땅위

【발생 시기】 장마철 ~ 가을

【구별 방법】 갓은 다갈색이고 표면에 가는 인편이 있으며, 가장자리에는 솜털이 있다.

【먹는 방법】 독이 있으므로 식용하지 않는다.

비가 내리는 시기에 많이 발생한다
주로 비가 내리는 계절에 숲속이나 풀밭 등의 땅위에 군생한다.

최근에 독성분이 확인되었다. 중독되는 경우도 있으므로 먹지 않는다.

풀밭 등에 군생한다. 자라면 갓이 원뿔모양이고, 가장자리에 솜털이 있다.

갓 표면은 가는 인편으로 덮인다. 대에도 인편이 있다. 어려서는 반구형.

공터 등 가까운 주변에서도 난다.

주름살은 회갈색에서 자줏빛을 띤 갈색. 대는 속이 비어 있다.

25

먹물버섯과
먹물버섯

별명 : 잉크버섯, 하룻밤버섯 019

먹물버섯

 식용에 적합

어리고 하얀 것만 먹는다

어릴 때는 좁고 긴 달걀모양이며, 군생 또는 속생한다. 전체가 흰색이며, 갓이나 대 표면에 인편이 있다. 자라면 갓이 종모양에서 원뿔모양으로 피고, 가장자리부터 검게 변해서 잉크를 떨어뜨린 것처럼 녹아 들어간다.
어리고 하얀 것은 익혀서 무침을 하거나 그라탕 등에 넣으면 순하면서 감칠맛 나는 맛과 향을 즐길 수 있다. 유럽에서는 1등품으로 취급한다.

◎ 풀밭 등 땅위에 속생하는 것이 많다. 어리고 하얀 것만 먹는다.

 【발생 장소】 풀밭이나 밭, 길가 등의 땅위

 【발생 시기】 봄 ~ 가을

 【구별 방법】 갓이나 대 표면에 인편이 있다. 자라면 키가 약 20㎝가 된다.

【먹는 방법】 그라탕, 무침, 튀김, 푹 끓이는 요리 등

Cooking

먹물버섯 꼬치튀김

조직은 흰색. 상하기 쉬우므로 빨리 조리한다. 대는 속이 비어 있다.

갓은 원뿔모양으로 피고, 오래되면 가장자리부터 변색되어 녹아 없어진다.

어릴 때는 좁고 긴 달걀모양. 자라면서 갓이 좁고 길어진다.

단단한 흙도 들어 올린다. 때로는 포장도로를 뚫기도 한다.

자라서 좁고 긴 갓이 벌어지기 시작하면 종모양이 된다.

020 두엄먹물버섯

별명 : ―

 독성

먹물버섯과
두엄먹물버섯

구토나 심장이 두근거리는 등 중독을 일으키므로 주의

유균은 달걀모양으로 차츰 종모양에서 원뿔모양이 되며, 마지막에는 거의 평평하게 벌어진다. 갓은 회갈색으로 오래되면 가장자리부터 검게 변하며, 잉크를 떨어뜨린 것처럼 녹아 없어진다.
술과 함께 먹으면 구토나 심장이 두근거리는 등 중독을 일으키는데, 술을 마실 때 잠시 증상이 나타난다.
식용하지 않는다.

 【발생 장소】 정원이나 밭, 길가, 쓰레기처리장 등의 땅위

 【발생 시기】 봄~가을

 【구별 방법】 갓은 옅은 회갈색. 자라면 가장자리부터 녹아 없어진다.

 【먹는 방법】 독이 있으므로 식용하지 않는다.

갓은 옅은 회갈색. 방사상 주름이 있다.

갓이 벌어지면서 방사상으로 갈라진다.

대는 흰색. 아래쪽이 옅은 회갈색을 띠는 것도 있다. 속은 비어 있다.

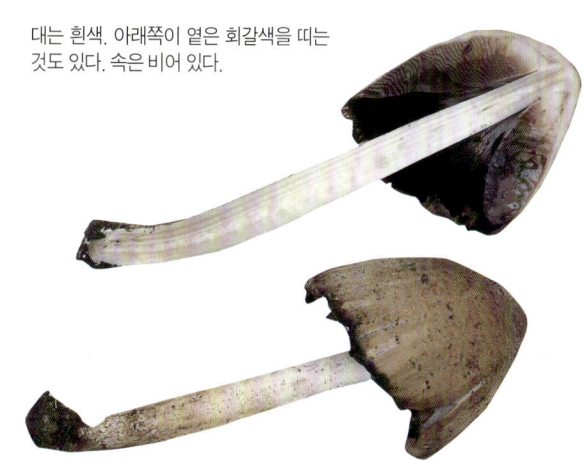

갓은 원뿔모양으로 피고, 오래되면 가장자리부터 변색되어 녹아 없어진다.

021 소녀먹물버섯

별명 : —

독성 미확인

먹물버섯과
소녀먹물버섯

[발생 장소] 각종 숲속이나 정원, 공원의 땅위

[발생 시기] 봄 ~ 가을

[구별 방법] 갓은 원뿔모양에서 평평하게 벌어지고, 마지막에는 위로 젖혀진다. 갓과 대는 인편으로 덮인다.

[먹는 방법] 독버섯인지 식용버섯인지 불분명하므로 식용하지 않는다.

갓과 대가 가는 인편으로 덮여 있다

유균은 도토리 같은 모양이며, 흰색 섬유모양의 인편으로 덮여 있다. 갓과 대에도 인편이 남아 있는데 자라면 떨어진다. 갓은 원뿔모양에서 평평하게 벌어지고, 마지막에는 위로 젖혀져서 가장자리가 오그라든다. 주름살은 어릴 때는 흰색이지만, 오래되면 검은색을 띤다.
독성이 분명하지 않으므로 먹지 않는다.

오래되면 가장자리부터 변색되어 오그라든다.

대는 흰색. 밑동 부분이 조금 굵다.

유균은 도토리 같은 모양. 이 상태에서 빠르게 자란다. 전체가 솜털로 덮여 있다.

30

먹물버섯과
갈색먹물버섯

별명 : —

022

갈색먹물 버섯

갓 표면이 고운 가루로 덮여 있다

갓은 어릴 때는 노란빛을 띠는 옅은 갈색이며 고운 가루로 덮여 있다. 갓이 피면 차츰 갈색이 되고 방사상의 선을 따라 금이 생긴다. 주름살은 처음에는 흰색이지만 나중에 갈색으로 변한다.

어릴 때는 먹을 수 있다고 알려져 있는데 최근에 독성분이 확인되었다. 중독될 수 있으므로 먹지 않는다.

 【발생 장소】 넓은잎나무의 오래된 그루터기나 묻혀 있는 나무

 【발생 시기】 봄~가을

 【구별 방법】 갓은 달걀모양에서 점차 종모양, 원뿔모양으로 벌어지고, 마침내 가장자리부터 조금씩 녹듯이 된다.

 【먹는 방법】 독이 있으므로 식용하지 않는다.

갓이 피면 방사상으로 금이 생기고, 가장자리가 조금 녹듯이 된다.

자라면서 종모양에서 원뿔모양이 된다.

대는 흰색. 속생 또는 군생한다.

유균은 갓이 노란빛을 띠는 옅은 갈색. 표면이 고운 가루로 덮여 있다.

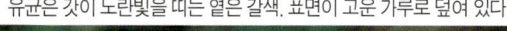

023 말똥버섯

별명 : —

독성

- 【발생 장소】 말이나 소 등의 대변, 밭의 덧거름 등
- 【발생 시기】 봄~가을
- 【구별 방법】 갓은 짙은 회색에서 회갈색. 주름살은 회색에서 검은색.
- 【먹는 방법】 독이 있으므로 식용하지 않는다.

환각성 중독을 일으킨다

갓은 반구형에서 원뿔모양으로 피고, 가장자리가 수술 장식이 달린 모양이 된다. 주름살은 성기고 회색에서 검은색이며, 대는 갈색이고 속이 비어 있다. 환각성 중독을 일으키므로 먹지 않는다.

먹물버섯과
말똥버섯

말이나 소 등의 대변이나 밭의 덧거름에서 발생. 대는 길고, 갓은 반구형에서 원뿔모양이 된다.

갓이 피면 가장자리가 잘게 찢어져서 말려 올라가 수술처럼 된다.

---

024 좀말똥버섯

별명 : —

독성

- 【발생 장소】 말이나 소 등의 대변, 밭의 덧거름 등
- 【발생 시기】 봄~가을
- 【구별 방법】 갓은 짙은 회색. 자라면 갓이 약 2㎝이고, 키는 약 13㎝.
- 【먹는 방법】 독이 있으므로 식용하지 않는다.

말똥버섯과 매우 비슷하다

말똥버섯(위) 종류로 환각성 중독을 일으킨다. 갓은 짙은 회색에서 갈색. 보기에도 말똥버섯과 매우 비슷해서 거의 구별하기 어렵다.

먹물버섯과
좀말똥버섯

대는 길어서 약 13㎝. 굵기는 위아래가 거의 같다.

갓은 짙은 회색에서 갈색. 동물의 대변 등에 발생.

끈적버섯과
독황토버섯

별명 : —

 독성

025

독황토버섯

사망한 사례도 있는 맹독성 버섯

작은 버섯이지만 맹독이 들어 있어 여러 건의 사망 사례가 있다. 버섯재배용 톱밥을 버린 장소나 폐자재 등에서 발생하는데, 뽕나무버섯(p.82)이나 팽이버섯(p.78)으로 착각하고 먹는 경우가 많다.

갓은 어릴 때는 찐빵모양이지만 자라면 평평하게 벌어지며, 습한 환경이면 방사상의 선이 생긴다. 갓 가장자리나 대에 턱받이가 남는 것도 있다.

 【발생 장소】 오래된 톱밥이나 가옥의 폐자재 등

 【발생 시기】 가을

 【구별 방법】 갓은 찐빵모양에서 평평하게 벌어지며, 가운데가 돌기모양으로 되는 것도 있다. 건조하면 가운데부터 옅은 노란색이 된다.

 【먹는 방법】 독이 있으므로 식용하지 않는다.

오래된 톱밥이나 폐자재에 군생한다. 속생하기도 한다.

주름살은 조금 빽빽하고 옅은 황갈색이다. 자라면 색이 짙어진다.

대는 굵기가 거의 같다. 위쪽에 턱받이가 남는 것도 있다.

갓은 어려서는 찐빵모양이지만 점점 평평하게 벌어진다.

026 큰갓버섯

별명 : ―

식용에 부적합

주름버섯과
큰갓버섯

- 【발생 장소】 각종 숲속이나 대나무 숲, 풀밭 등의 땅위, 길가 등
- 【발생 시기】 여름 ~ 가을
- 【구별 방법】 갓이 피면서 큰 인편이 생긴다. 대에는 고리모양의 턱받이가 있다.
- 【먹는 방법】 식용에 부적합하다.

키가 50cm 이상인 것도 있다

크게 자라는 버섯으로 갓 지름이 20cm 이상이고 키가 50cm 이상인 것도 있다. 데쳐서 그 물을 버리면 먹을 수 있지만, 비슷한 모양의 맹독성 버섯이 있으므로 먹지 않는다.

길가 등 주변에서도 발생한다.

유균은 갓이 갈색. 자라면서 균열이 생기고 찐빵모양으로 벌어진다.

---

027 흰주름버섯

별명 : ―

식용에 부적합

주름버섯과
흰주름버섯

- 【발생 장소】 각종 숲속이나 풀밭, 밭 등의 땅위
- 【발생 시기】 여름 ~ 가을
- 【구별 방법】 갓은 흰색에서 유백색. 손에 닿은 부분은 노란색으로 변색. 대나 갓 가장자리에 턱받이가 남는다.
- 【먹는 방법】 식용에 부적합하다.

독우산광대버섯과 비슷하다

주름살이 매우 빽빽하며, 자라면서 분홍색이 짙어져 마침내 갈색이 된다. 양송이 종류이며 유럽에서는 식용버섯으로 인기 있지만, 독우산광대버섯과 구별하기 어려우므로 먹지 않는 것이 좋다.

★ 독성

비슷하므로 주의!

독우산광대버섯 (p.254)
밑동에 주머니모양의 대주머니가 있다.

대에는 망토 같은 턱받이가 있다. 주름살은 처음에는 흰색이지만 나중에 분홍색을 띤다.

느타리과
잣버섯

별명 : —

먹는 방법에 주의

잣버섯

자연산 중에는 중독을 일으키는 것도 있다

소나무류가 쓰러진 것이나 자른 그루터기 등에 발생하는데, 소나무류를 사용한 흙막이나 말뚝 등에서도 발생한다.

갓은 상아색에서 옅은 황갈색. 주름살 가장자리가 잘게 톱니모양으로 깔쭉깔쭉하다. 최근에 육질과 풍미도 좋은 잣버섯 인공재배에 성공하였다.

자연산은 쓴맛이 있거나 중독을 일으키는 것도 있으므로 먹을 때 주의한다.

 【발생 장소】 소나무류가 쓰러진 것이나 자른 그루터기, 건축자재 등

 【발생 시기】 장마철 ~ 가을

 【구별 방법】 주름살 가장자리가 톱니모양으로 깔쭉깔쭉하다.

 【먹는 방법】 반드시 데쳐서 그 물은 버리고 조리한다.

어린 갓은 찐빵모양. 대는 인편이 있고, 밑동이 가늘다.

갓에 인편이 있어 반점모양으로 보인다. 건축자재나 말뚝 등에서도 발생한다.

주름살은 성기고, 자라면 대에 내려 붙는다.

주름살은 가장자리가 톱니모양으로 깔쭉깔쭉하다.

029 구름송편버섯

별명 : 운지, 구름버섯

 식용에 부적합

- 【발생 장소】 자른 나무 그루터기나 쓰러진 나무, 말뚝 등
- 【발생 시기】 거의 1년 내내
- 【구별 방법】 얇고 질긴 가죽질이다. 짙은 색과 옅은 색의 나이테 같은 무늬가 있고, 잔털로 덮여 있다.
- 【먹는 방법】 식용에 부적합하다.

나이테 같은 무늬가 있다

갓은 반원모양이며, 가장자리가 물결 모양의 프릴처럼 되어 있다. 색은 갈색, 검은색, 회색이 강한 보라색 등이며, 나이테 같은 무늬가 있다.

질기고 써서 식용에는 적합하지 않다.

구멍장이버섯과
구름송편버섯

갓은 가장자리가 흰색이고, 표면이 잔털로 덮여 있다.

쓰러진 나무나 그루터기 등에 발생. 항암제 원료로 주목 받기도 하였다.

030 벌집구멍장이버섯

별명 : 벌집버섯

 식용에 부적합

- 【발생 장소】 잡목숲이나 하천 근처 숲에 있는 넓은잎나무의 마른 가지 등
- 【발생 시기】 초겨울
- 【구별 방법】 갓은 밝은 갈색. 갓 뒤쪽은 흰색에서 회색으로 벌집모양.
- 【먹는 방법】 식용에 부적합하다.

갓 뒤쪽이 벌집모양

갓 뒤쪽에는 벌집 같은 육각형 구멍이 있다. 단단하며 발생한 상태 그대로 드라이플라워처럼 말라 있는 것을 볼 수 있다.

일반적으로 식용에 부적합하다.

구멍장이버섯과
벌집구멍장이버섯

갓은 밝은 갈색이며, 약 10cm의 반원모양이 되는 것이 많다.

갓 뒤쪽은 벌집모양. 대는 갓 옆에 붙어 있다.

좀목이과
좀목이

별명 : ―

식용에 부적합

031
좀목이

 【발생 장소】 수목, 쓰러진 나무, 자른 나무 그루터기 등

 【발생 시기】 장마철 ~ 가을

 【구별 방법】 젤라틴질로 부드럽다. 금방 바삭바삭하게 잘 마른다.

 【먹는 방법】 식용에 부적합하다.

젤라틴질로 잘 마른다

젤라틴질 버섯이다. 금방 바삭바삭하게 잘 마르는데 비가 오면 다시 원래대로 돌아간다.

독은 없지만 일반적으로 식용에 부적합하다.

여러 수목에 발생한다. 때로는 나무껍질을 덮듯이 난다.

알버섯과
여름갈고리덩이버섯

표면은 흑갈색에서 검은색. 탄 감자 같은 모양이다.

별명 : 송로버섯

식용에 적합

032
여름
갈고리
덩이버섯

 【발생 장소】 숲속의 땅속

 【발생 시기】 여름 ~ 가을

 【구별 방법】 탄 감자 같은 모양. 독특한 향이 있다. 속은 서리가 내린 모양이다.

 【먹는 방법】 파스타 등

속은 서리가 내린 모양. 독특한 향이 있다.

● 버섯이야기

본고장인 프랑스나 이탈리아에서는 '발정기의 수퇘지 냄새가 나므로 발정기의 암퇘지가 찾아낸다'고 알려져 있지만, 현재는 전적으로 개를 이용하고 있다. 고급 레스토랑에서는 아이스크림에도 넣는데, 한입 먹으면 입 안에 향이 퍼진다.

요리계에서는 귀중한 세계 3대 진미의 하나

요리계에서는 귀중하게 취급된다. 최근에는 의외로 일본에서도 주거지 주변에서 발견된다.

익은 과일 같은 독특한 향이 있다.

033 옥타비아니나 아스테로스페르마

별명 : —

 독성 미확인

- **【발생 장소】** 공원이나 둑 등의 땅위
- **【발생 시기】** 여름~가을
- **【구별 방법】** 감자와 똑같이 생기고, 수염 같은 뿌리가 있다.
- **【먹는 방법】** 식용인지 독버섯인지 불분명하므로 식용하지 않는다.

옥타비아니나과 *Octavianina asterosperma*

옥타비아니나 아스테로스페르마

보기에는 마치 감자 같다

별장지의 비탈을 잘라 만든 둑이나 공원 등에서 볼 수 있다. 수확하는 것을 잊어버린 감자와 똑같이 생겼다.

갓 표면은 짙은 갈색으로 균열이 있고, 손으로 만진 곳은 검은 점이 된다. 땅에 닿는 면에는 수염 같은 뿌리가 있다. 조직은 흰색이며, 상처가 나면 자줏빛으로 변한다. 땅속에서 자라는 지하생균으로 비슷한 것이 많다.

식용인지 독버섯인지는 불분명하다.

수확하는 것을 잊어버린 감자와 똑같이 생겼다. 땅에 닿는 면에는 수염 같은 뿌리가 있다.

땅에 닿는 면은 연노란색.

조직은 흰색. 상처가 나면 자줏빛으로 변한다.

갓은 표면이 짙은 갈색으로 균열이 있다.

찻잔버섯과
키아투스 올라 *Cyathus olla*

별명 : —

식용에 부적합

034
키아투스 올라

독특한 모양으로 인기 있다
잔털로 덮여 있는 컵 같은 모양이다. 안에는 윤기 있는 검은 바둑돌 같은 알갱이가 여러 개 들어 있다. 이 알갱이는 소피자(小皮子)라고 하며 홀씨 등이 들어 있다.

먹을 수는 없지만 독특한 모양 때문에 인기 있는 버섯이다. 같은 종류로 좀주름찻잔버섯, 새둥지버섯, 주름찻잔버섯 등이 있다.

 【발생 장소】 나무껍질이나 마른나무, 썩은 나무 등

 【발생 시기】 여름~가을

 【구별 방법】 컵모양이며, 안에는 작은 바둑돌 같은 알갱이가 들어 있다.

 【먹는 방법】 식용에 부적합하다.

컵 속의 소피자가 튀어 나와 증식한다.

삼나무 등의 나뭇가지, 마른나무, 썩은 나무 등에 발생한다.

컵 전체가 가는 잔털로 덮여 있다.

035 들주발버섯

별명 : ―

식용에 부적합

귀버섯과
들주발버섯

【발생 장소】각종 숲속 길가 등의 땅위

【발생 시기】초여름~가을

【구별 방법】주홍색에서 주황색으로 주발모양이나 접시모양이다. 조직은 부드럽다.

【먹는 방법】식용에 부적합하다.

선명한 색이 특징

길가 등의 땅위, 자갈길이나 점토질의 풀이 없는 땅위에 발생한다.
선명한 색으로 어릴 때는 얕은 주발모양이고, 자라면 차츰 접시모양이 된다. 식용에는 부적합하다.

풀이 적은 땅위에 군생한다.

색이 선명하고, 조직은 부드럽다.

036 사르코스키파 오키덴탈리스

별명 : ―

식용에 부적합

술잔버섯과   *Sarcoscypha occidentalis*
사르코스키파 오키덴탈리스

【발생 장소】습기 많은 썩은 나무

【발생 시기】늦가을

【구별 방법】주홍색이며 고무로 만든 입 같은 모양이다. 표면은 잔털로 덮여 있다.

【먹는 방법】식용에 부적합하다.

먹지는 못하지만 보기에 즐겁다

버섯이 적어지는 시기에 버섯을 좋아하는 사람들의 마음을 설레게 하는 존재이다.
비슷한 종류가 많고, 먹을 수는 없지만 눈을 즐겁게 한다.

입처럼 여러 모양으로 벌어져 있는 모습이 재미있다. 보면 바로 사진을 찍고 싶다.

주발버섯과
주발버섯

별명 : —

037

주발버섯

 식용에 부적합

- 【발생 장소】 각종 숲속이나 정원의 낙엽이 쌓인 흙, 밭의 덧거름 위
- 【발생 시기】 가을
- 【구별 방법】 주발모양이 벌어져서 얕은 접시모양이 된다. 안쪽은 매끄럽고, 바깥쪽은 까슬까슬하다. 조직은 부드럽다.
- 【먹는 방법】 식용에 부적합하다.

어릴 때는 주발 같은 모양

낙엽이 쌓인 흙 위 등에 군생한다. 주발모양이지만 차츰 벌어져서 얕아지며, 안쪽은 매끄럽고 바깥쪽은 까슬까슬하다.
먹을 수 없다.

색은 갈색. 여러 개씩 모여 발생한다.

털고무버섯과
갈색털고무버섯

별명 : —

038

갈색털고무버섯

 식용에 부적합

- 【발생 장소】 각종 숲속의 썩은 나무 등
- 【발생 시기】 여름~가을
- 【구별 방법】 갓은 지름이 약 5㎝. 조직은 젤라틴질로 곤약처럼 탄력이 있다.
- 【먹는 방법】 식용에 부적합하다.

곤약처럼 탄력이 있다

조직은 젤라틴질로 곤약처럼 탄력이 있다.
먹을 수 있지만 맛이 거의 없어서 일반적으로 식용에 부적합하다.

흑갈색으로 단단하다. 어릴 때는 조직이 매우 두툼하다.

039 별명 : —

뱀버섯  식용에 부적합

말뚝버섯과
뱀버섯

【발생 장소】 각종 숲속이나 대나무 숲, 정원 등의 땅위

【발생 시기】 장마철 ~ 가을

【구별 방법】 대는 빨간색에서 분홍색, 머리 부분은 녹색을 띤 갈색. 유균은 흰색 달걀모양이다.

【먹는 방법】 식용에 부적합하다.

안 좋은 냄새가 난다
메추리알 크기의 유균을 뚫고 빨간색 대에서 머리 부분이 녹색을 띤 갈색 버섯이 자란다. 대는 점차 퇴색하여 분홍색이 된다.
자란 것은 안 좋은 냄새가 난다.

자란 것은 대가 분홍색. 속생 또는 단생한다.(위)
어릴 때는 대가 선명한 빨간색. 자라면서 퇴색한다.(왼쪽)
자란 버섯 근처에는 포동포동한 유균이 보인다. 유균은 냄새가 거의 없다.(오른쪽)

---

040 별명 : —

노란말뚝버섯  식용에 부적합

말뚝버섯과
노란말뚝버섯

【발생 장소】 각종 숲속이나 길가 등의 땅위

【발생 시기】 여름 ~ 가을

【구별 방법】 대는 유백색, 머리 부분은 녹색을 띤 갈색. 유균은 흰색 달걀모양이다.

【먹는 방법】 식용에 부적합하다.

끈적거리는 머리 부분을 벌레가 핥는다
머리 부분은 끈적거리고, 강한 냄새를 풍긴다. 이 냄새에 유인된 벌레가 모여들어 머리 부분의 속살이 나올 때까지 핥는다.
일반적으로 식용에 부적합하다.

대는 유백색, 머리 부분은 녹색을 띤 갈색.

창싸리버섯과
주걱창싸리버섯

별명 : ―

 식용에 부적합

041
주걱
창싸리
버섯

 【발생 장소】 각종 숲속의 부식토 위

 【발생 시기】 가을

 【구별 방법】 어릴 때는 주걱모양이며 선명한 노란색이다. 오래되면 황토색으로 변한다.

【먹는 방법】 식용에 부적합하다.

주걱모양이며 선명한 노란색
선명한 노란색이 눈에 띈다. 주걱모양이며, 조직은 부드럽고 흐늘흐늘하다. 모양이 조금씩 다르고, 크기도 2~10cm로 불규칙하다.
일반적으로 식용에 부적합하다.

부식토 위에 발생한다. 어릴 때는 선명한 노란색. 오래되면 황토색으로 변한다.

밑동 가까이는 흰색이다.

안장버섯과
안장마귀곰보버섯

별명 : ―

 독성

042
안장마귀
곰보버섯

 【발생 장소】 각종 숲속의 쓰러진 나무나 썩은 나무 근처

 【발생 시기】 가을

 【구별 방법】 머리 부분은 갈색으로 울퉁불퉁하고 불규칙하다. 대는 굵고 주름이 있으며, 속이 비어 있다.

 【먹는 방법】 독이 있으므로 식용하지 않는다.

울퉁불퉁하고 불규칙한 모양
머리 부분은 적갈색이며 말안장모양으로 알려져 있는데, 울퉁불퉁하고 불규칙한 모양이 많은 것 같다. 대 표면에도 주름이 있고, 속은 비어 있다.

머리 부분은 울퉁불퉁하다. 대는 육질이 단단하다.

43

043 동충하초 | 별명 : —

 식용에 부적합

동충하초과
동충하초

벌레에서 생긴 버섯이며, 한약으로 귀하게 쓰이는 것도 있다

'동충하초'란 벌레 등에서 발생하는 버섯을 모두 가리키는 말이다. 땅속 등에 있는 균이 벌레의 몸속에 들어가 자라서 마침내 몸을 뚫고 나와 자란다. 모양은 몇 가지가 있는데, 대부분 봉 같은 모양이다.
확인된 종류가 많지만 생태계에는 불가사의한 것이 많으므로 장래 새로운 종류가 발표될 수도 있다.

 [발생 장소] 벌레의 유충이나 성충 등

 [발생 시기] 봄~가을

 [구별 방법] 몇 가지 모양이 있는데 주로 봉 같은 모양. 밑동에 유충이나 성충이 보인다.

 [먹는 방법] 식용에 부적합하다.

자란 번데기동충하초. 장수풍뎅이 번데기에 발생한 것. 주황색 곤봉모양이다.

번데기동충하초. 나방 유충에서 발생한다.

🟡 버섯이야기
동충하초는 일상생활에서는 잘 볼 수 없으므로 기분 나쁘기도 하고 신비하기도 하다.
그 중에는 귀한 한약으로 쓰이는 것도 있다. 중국의 표고 약 4,000m 되는 곳에서 채집되는 박쥐나방의 유충에서 발생하는 동충하초는 매우 고가로, 올림픽에 출전한 중국 육상선수도 사용하였다는 이야기도 있다.

코르디켑스 야포니카 *Cordyceps japonica*. 코르디켑스 카피타타처럼 엘라포미케스 그라눌라투스 *Elaphomyces granulatus* 종류에서 발생한다.

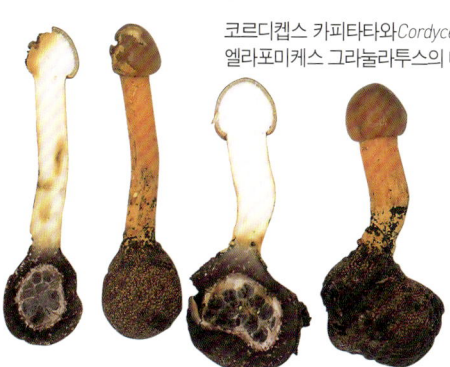

코르디켑스 카피타타와 *Cordyceps capitata*와 엘라포미케스 그라눌라투스의 내부.

코르디켑스 카피타타. 땅속에서 자라는 지하생균 엘라포미케스 그라눌라투스류에서 발생한다.

매미동충하초. 매미 유충에서 발생.

노린재동충하초. 노린재 성충에서 발생.

044 별명 : 담배피우는버섯, 여우방귀버섯

말불버섯  식용에 부적합

말불버섯과
말불버섯

 [발생 장소] 풀밭이나 정원, 길가 등의 땅 위

 [발생 시기] 장마철 ~ 가을

 [구별 방법] 머리 부분은 공모양이며, 가운데에 구멍이 생겨 홀씨가 나온다.

 [먹는 방법] 식용에 부적합하다.

가운데 구멍에서 연기 같은 홀씨가 나온다

어릴 때는 흰색이고, 자라면 황토색에서 갈색으로 변한다. 노균이 되면 가운데에 구멍이 생겨 연기 같은 홀씨가 나온다. 이 홀씨가 귀나 코에 들어가면 거기에 버섯이 생긴다는 이야기가 있다. 홀씨를 내보내는 모습 때문에 '담배 피우는 버섯'이라는 별명도 있으며, 서양에서는 그 모습이 여우가 방귀를 뀌는 것 같다고 하여 '여우방귀버섯'이라고도 불렀다.

어릴 때는 먹을 수 있지만, 비슷한 것이 많고 구별하기 어려워서 일반적으로 식용에 부적합하다.

말불버섯의 군생.
자라면 머리 부분의 지름이 약 4㎝.

유균에는 사마귀 같은 갈색 가시가 있다.

자라면 황토색에서 갈색으로 변색. 가운데에 구멍이 생겨 홀씨가 나온다.

머리 부분은 경단 같은 공모양. 머리 부분에서는 홀씨를 만든다.

독청버섯과
반구독청버섯

별명 : —

 독성

045

반구독청 버섯

갓은 옅은 노란색. 표면은 비단 같은 광택이 있다.

대는 밑동이 약간 불룩하다. 속은 비어 있다.

 【발생 장소】 말이나 소 등의 대변, 밭의 덧거름 등

 【발생 시기】 장마철 ~ 가을

 【구별 방법】 갓은 옅은 노란색. 대는 길어서 10~15cm이며, 위쪽은 흰색, 아래는 옅은 황갈색.

 【먹는 방법】 독이 있으므로 식용하지 않는다.

환각성 중독을 일으키므로 주의

갓은 찐빵모양에서 원뿔모양으로 벌어지며 옅은 노란색이다. 대는 길고, 속이 비어 있다. 한가운데에 턱받이가 남아 있다.
환각성 중독을 일으키므로 먹지 않는다.

● **버섯이야기**

버섯은 낙엽이나 마른 가지 등을 썩혀서 분해시켜 흙으로 돌려보내는 역할을 한다. 동물의 대변이나 덧거름에 발생하는 버섯이라고 하면 싫어하는 사람도 적지 않겠지만, 날로 먹는 양송이도 사실 이런 장소에서 발생한다.
이 버섯들은 발생하는 장소에서 숲을 청소하는 버섯으로서의 역할을 다하고 있는 것이다.

대 가운데에 뚜렷하지 않은 턱받이가 남는다.

046 침비늘버섯

별명 : —

 독성

독청버섯과
침비늘버섯

- **[발생 장소]** 넓은잎나무 그루터기나 마른나무
- **[발생 시기]** 여름~가을
- **[구별 방법]** 갓 표면과 대에 가시모양의 인편이 있고, 대에는 솜모양의 턱받이가 있다.
- **[먹는 방법]** 독이 있으므로 식용하지 않는다.

갓 표면이 가시투성이
갓 표면에 가시모양의 인편이 있다. 갓은 원뿔모양 또는 공모양으로, 자라면 평평한 찐빵모양이 된다.
체질에 따라 중독될 수 있으므로 먹지 않는다.

어린 갓은 원뿔모양이나 공모양. 표면은 가시모양의 인편으로 덮여 있고, 점액이 조금 있다.

대에도 인편이 있고, 솜모양의 턱받이가 남아 있다. 오래되면 표면이 조금 매끄럽다.

---

047 좀환각버섯

별명 : —

 독성

독청버섯과
좀환각버섯

- **[발생 장소]** 말, 소, 토끼 등의 대변
- **[발생 시기]** 가을
- **[구별 방법]** 갓은 반구형에서 찐빵모양으로 벌어진다. 대에는 흰색 인편이 있다.
- **[먹는 방법]** 독이 있으므로 식용하지 않는다.

환각성 중독을 일으킨다
토끼 대변에서 생기기도 해서 일본에서는 '토끼똥버섯'이라는 이름으로 불린다. 갓은 갈색이며, 건조하면 옅은 갈색이 된다.
환각성 중독을 일으키므로 먹지 않는다.

갓은 어릴 때는 반구형. 대는 위아래 굵기가 거의 같다.

주름살은 성기고, 큰 주름살 사이에 작은 주름살이 있다.

독청버섯과
프실로키베 아르겐티페스
Psilocybe argentipes

별명 : ―

 독성

048
프실로키베 아르겐티페스

- 【발생 장소】 공원이나 길가 등의 땅위
- 【발생 시기】 여름~가을
- 【구별 방법】 갓은 유두모양으로 황토색인데, 건조하면 옅은 노란색이 된다. 상처가 나면 파란색으로 변한다.
- 【먹는 방법】 독이 있으므로 식용하지 않는다.

독성이 강해서 사망한 사례도 있다

갓은 원뿔모양이나 종모양이고, 유두모양으로 볼록 튀어나와 있다. 상처 부분은 파란색으로 변한다.
먹으면 강한 환각성 중독을 일으키며 쇼크로 죽기도 한다.

갓은 유두모양으로 튀어나와 있고, 건조하면 옅은 노란색이 된다. 상처가 나면 파란색으로 변한다.

독청버섯과
독청버섯아재비

별명 : ―

 식용에 적합

049
독청버섯아재비

- 【발생 장소】 풀밭이나 밭의 땅위, 소나 말 등의 대변
- 【발생 시기】 봄~가을
- 【구별 방법】 갓은 팥색을 띤 갈색. 대에 남아 있는 턱받이는 갈라져서 별모양이 된다.
- 【먹는 방법】 맑은장국 등의 국이나 볶음 등

브라운종 양송이처럼 이용

조직은 두껍고 흰색이다. 주름살은 흰색에서 짙은 회색이 된다. 대에는 턱받이와 인편이 있다.
맛있는 버섯으로 브라운종 양송이처럼 이용할 수 있다.

갓은 반구형에서 평평한 찐빵 모양으로 벌어진다. 대에는 턱받이와 인편이 있다.

대는 자라면 가늘고 길어진다. 턱받이는 별모양으로 갈라진다.

독청버섯과
노란다발

별명 : —

 독성

050

노란다발

작은 버섯이지만 독성이 매우 강하다

개암버섯(p.132)으로 착각하여 먹는 경우가 많다. 독성이 강하며 사망한 사례도 있다. 보통 갓 지름이 약 3㎝이지만 생육조건이 좋으면 더 커진다. 개암버섯 주변에 발생하기도 하므로 착각하지 않도록 충분히 주의한다. 색은 황갈색. 씹으면 쓴맛이 강하다. 선명한 노란색도 있다.

○ 쓰러진 나무 등에 군생한다. 밑동에 솜모양의 균사가 보이는 것도 있다.

 【발생 장소】 여러 나무 그루터기나 쓰러진 나무, 말뚝 등

 【발생 시기】 거의 1년 내내

 【구별 방법】 노란색을 띠는 옅은 갈색이다. 주름살은 자라면 파란색을 띤다.

 【먹는 방법】 독이 있으므로 식용하지 않는다.

갓은 처음에는 반구형, 원뿔모양. 나중에 평평한 찐빵모양에서 거의 평평하게 벌어진다.

주름살은 처음에는 노란색이며, 자라면 파란색을 띤다.

대는 위는 노란색을 띠고, 아래는 갈색.

생육조건이 좋으면 크게 자란다. 개암버섯(p.132)과 비슷하다.

051

별명 : —

프실로키베 파스키아타

독성

독청버섯과　　　　　　　　　　　　　　*Psilocybe fasciata*

프실로키베 파스키아타

환각, 감각 마비의 중독 증상이 나타난다

갓은 회갈색이며, 습한 환경에서는 방사상의 선이 옅게 나타나고 점액도 조금 있다. 오래되면 가장자리부터 검게 변한다. 주름살은 조금 성기고, 오래되면 짙은 갈색이 된다. 대는 회색인데, 손으로 만지거나 상처가 난 부분은 파란색으로 변한다.
환각, 감각 마비의 중독 증상이 있으므로 먹지 않는다.

【발생 장소】 각종 숲속이나 대나무숲 땅위

【발생 시기】 가을

【구별 방법】 갓은 회갈색이며, 반구형이나 종모양에서 차츰 평평하게 벌어진다. 상처 부분은 파란색으로 변한다.

【먹는 방법】 독이 있으므로 식용하지 않는다.

속생 또는 군생한다. 습한 환경에서는 점액이 있다.

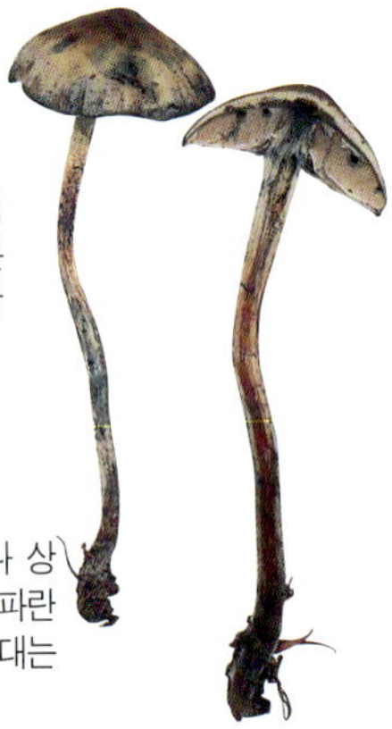

주름살은 조금 성기고, 처음에는 옅은 갈색. 점차 짙은 갈색이 된다.

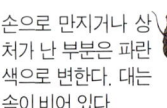
손으로 만지거나 상처가 난 부분은 파란색으로 변한다. 대는 속이 비어 있다.

갓은 어릴 때는 반구형이나 종모양. 가운데가 뾰족한 것도 있다.

chapter 2

잡목림·혼합림에 발생하는 버섯

잡목림·혼합림에 발생하는 버섯

버섯을 찾기에 가장 좋은 장소가 잡목림.
사계절의 변화를 즐기면서 버섯 채취의 참맛을 맛볼 수 있다.

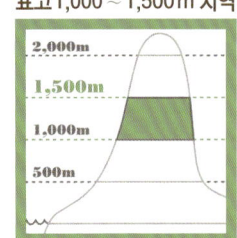
표고 1,000~1,500m 지역

일본 홋카이도부터 산인지방의 산에 펼쳐진 숲
너도밤나무숲은 일본의 홋카이도, 도후쿠, 츄부, 산인지방의 산에 펼쳐져 있는 숲. 다양한 종류의 버섯을 볼 수 있다.

사계절마다 모습이 아름답다
봄~초여름에는 신록, 여름에는 짙은 초록, 가을에는 아름다운 단풍, 겨울에는 나무 자체의 모양 등 사계절의 변화 속에서 많은 생명이 자란다.

쓰러진 나무나 오래된 큰 나무가 표적
너도밤나무나 물참나무숲에서는 쓰러진 나무나 오래된 큰 나무를 찾는 것이 버섯을 많이 수확하는 비결이다.

【너도밤나무숲·물참나무숲】

도후쿠 지방의 원시림에 버섯이 풍부

일본 표고 1,000m 부근의 넓은 지역에 펼쳐진 숲이다. 어디에서나 다양한 식물들을 볼 수 있고, 버섯 생육에도 좋은 환경이라 여러 종류의 버섯을 볼 수 있다. 그 중에서도 도후쿠 지방의 원시림에는 다양한 버섯이 자라고 있다. 식탁에서도 자주 볼 수 있는 자연산 버섯이 많다. 모두 마른 나무에서 양분을 얻어 자라므로 많이 수확하기 위해서는 쓰러진 나무를 찾는 것이 중요하다.

버섯찾는 point

- 쓰러진 나무나 오래된 큰 나무를 찾는다.
- 너도밤나무숲의 쓰러진 나무에서는 나도팽나무버섯 등을 채취할 수 있다.
- 어린 물참나무숲에는 다색벚꽃버섯 등이 있다.
- 큰 물참나무에서는 잎새버섯을 볼 수 있다.

찾을 수 있는 버섯
나도팽나무버섯, 참부채버섯, 긴수염버섯, 느티만가닥버섯, 잎새버섯

【잡목림 · 활엽수림】

버섯을 채취할 수 있는 가장 가까운 장소

평지나 낮은 산에서 볼 수 있는 숲으로 버섯을 채취할 수 있는 가장 가까운 장소이다. 사계절의 변화와 식물 종류도 다양하므로 많은 버섯이 발생한다. 쓰러진 나무나 나무 그루터기 등은 버섯을 찾는 기본 장소. 밑동 주변의 낙엽 등 숨겨진 장소도 주의해서 본다.

버섯찾는 point

- 잡초가 적은 곳이라면 버섯을 찾기 쉽다.
- 나무 밑동이나 그 주변
- 쓰러진 나무나 나무 그루터기
- 졸참나무나 서어나무숲은 여름이 배젖버섯 등의 철이다.

찾을 수 있는 버섯

외대덧버섯, 다색벚꽃버섯, 땅찌만가닥버섯, 개암버섯, 노랑끈적버섯

잡초가 적으면 버섯을 찾기 쉽다
잡목림 중에서도 잡초가 적은 곳은 버섯을 찾기 쉽다.

가장 가까운 숲
잡목림은 평지나 마을 근처 산에서 많이 볼 수 있는 매우 친근한 숲이다.

【혼합림】

나무 아래나 마른 가지 아래를 찾는다

잡목림에 적송 등의 소나무숲이 섞여 있는 숲으로 표고 1,000m 부근에 있다. 소나무숲에서 볼 수 있는 버섯을 함께 찾을 수 있다는 장점이 있다. 땅찌만가닥버섯이나 모래꽃만가닥버섯 등 대부분의 땅찌만가닥버섯류를 볼 수 있다.

혼합림 모습
다양한 종류의 나무들이 섞여 있는 혼합림은 가을이면 색색의 단풍을 즐길 수 있고 보기에도 화려하다.

잡목림에 소나무숲이 섞여 있다
잡목림에 소나무가 섞여 있어 많은 종류의 버섯을 볼 수 있다.

버섯찾는 point

- 나무 아래나 마른 가지 아래 등
- 소나무 아래에는 소나무숲에 있는 버섯도 있다.

찾을 수 있는 버섯

연기색만가닥버섯, 땅찌만가닥버섯, 깔때기버섯, 금버섯, 민자주방망이버섯, 서리버섯, 꽈리비늘버섯, 흰비늘버섯

【침엽수림】

마른나무 등에 주목

1,000~1,500m 이상의 표고가 높은 지역에 펼쳐지는 침엽수림에서는 히그로포루스 푸르푸라스켄스 Hygrophorus purpurascens 등의 버섯을 볼 수 있다. 삼나무숲에서는 그다지 많은 버섯을 볼 수 없지만, 솎아서 베어 낸 나무 그루터기나 마른나무 등이 버섯을 찾는 주요 장소이다.

버섯찾는 point

- 나무 밑동
- 쓰러진 나무의 껍질
- 말라죽은 나무 껍질이나 밑동
- 삼나무 그루터기
- 낙엽 아래

일반적인 침엽수림
1년 내내 잎이 녹색인 침엽수림. 쓰러진 나무나 자른 나무 그루터기가 목표 지점.

찾을 수 있는 버섯

뽕나무버섯, 뽕나무버섯부치, 달걀버섯

별명 : 땅찌버섯, 땅지네버섯

식용에 적합

송이과
땅찌만가닥버섯

일본에서 최고의 맛으로 꼽는 식용버섯

물이 잘 빠지는 장소에서 많이 볼 수 있다. 속생 또는 군생하며, 때로는 줄지어 나기도 한다.

갓은 옅은 갈색에서 회갈색. 처음에는 공모양이지만 자라면 거의 평평하게 벌어진다. 표면에는 비백무늬(붓으로 살짝 스친 것 같은 잔무늬)가 있다. 주름살은 빽빽하고, 대는 흰색. 밑동이 굵고 육질이 단단하다.

씹는 맛이나 맛과 향이 모두 더할 나위 없이 훌륭하다. 일본에서는 예로부터 '냄새는 송이, 맛은 땅찌만가닥버섯'이라 하여 최고의 맛으로 여겼다.

 [발생 장소] 잡목림이나 혼합림 땅위

 [발생 시기] 가을

 [구별 방법] 갓 표면에 비백무늬가 있다. 주름살은 빽빽하고 흰색. 육질은 단단하다.

 [먹는 방법] 밥, 국, 무침, 조림, 구이, 볶음 등

물이 잘 빠지는 장소에 많이 발생한다. 버섯이 여러 개 발생하여 줄을 이루기도 한다.

주름살은 희고 빽빽하다. 물결모양 같은 것
도 있다.(왼쪽)
갓은 엷은 갈색 또는 회갈색. 표면에 비백무늬
가 있다.(오른쪽)

어린 버섯 덩어리. 갓이 겹쳐지듯이 되어 꽉 찬 송이가 된다.

대는 흰색. 밑동이 굵고 조직
이 단단하다. 속도 차 있다.

갓이 완전히 핀 상태. 거의 평평하게 벌어지고 가장자리가 물결모양처럼 된다.

송이과
쓴송이

별명 : —

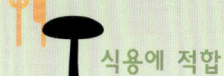
식용에 적합

053
쓴송이

맛있는 버섯이지만 그다지 많이 채취되지 않는다

숲속에 군생하지만 드문드문 떨어져서 발생한다. 서리버섯(p.60)과 비슷한데, 발생 시기는 쓴송이가 조금 빠르다.
갓은 반구형에서 거의 평평하게 벌어지고, 습한 환경에서는 점액이 조금 나온다. 대는 조금 노란색을 띤 흰색이다.
특징이 없고 맛과 향이 좋은 버섯이지만 많이 채취하기는 어렵다.

◎ 갓은 반구형에서 원뿔모양이 되며, 더 평평해질 때까지 벌어진다.

 【발생 장소】 잡목림 땅위

 【발생 시기】 가을

 【구별 방법】 갓은 가운데가 갈색이고, 가장자리는 노란색을 띤다. 주름살은 흰색이며, 주변은 노란색을 띤다.

 【먹는 방법】 무침, 조림, 볶음 등

밑동에는 솜털모양의 균사가 있다.

일본 신슈 지방의 명물인 구운 버섯찐빵.

오래되면 옅은 갈색이 된다.

습한 환경에서는 갓에 점액이 조금 나온다.

갓이 다 핀 상태. 가장자리는 흰색이 된다.

유균. 갓은 방사상으로 섬유모양의 가는 무늬가 있다.

054 | 별명 : —

서리버섯  식용에 적합

송이과
서리버섯

 [발생 장소] 혼합림이나 전나무숲의 땅위

 [발생 시기] 가을

 [구별 방법] 처음에는 갓이 검은색을 띠고, 자라면 가장자리가 흰색을 띤다. 대가 땅속 깊이 자란다.

 [먹는 방법] 밥, 국, 무침, 조림, 구이, 볶음 등

지역에 따라서는 송이보다 더 인기 있다

가을이 깊어갈 때 발생하기 때문에 낙엽에 가려서 초보자는 거의 발견하기 어려운 버섯이다.

갓은 찐빵모양에서 평평한 찐빵모양의 반반구형으로 벌어진다. 주름살은 유백색으로 성기고, 큰 주름살 사이에 작은 주름살이 있다. 대는 유백색이며 단단하다.

맛과 향이 좋으며, 지역에 따라서는 송이(p.224)보다 인기 있다.

주변의 낙엽에 가려서 못 보기 쉽다.

주름살은 유백색. 큰 주름살 사이에 작은 주름살이 있다. 대는 길게 땅속 깊이 자란다.

🍴 Cooking

버섯죽

자라면서 갓 가장자리가 흰색을 띤다.

습한 환경에서는 점액이 조금 있다. 어릴 때는 갓이 검은색을 띤 갈색이다.

대는 유백색이며 속이 차 있다. 단단하지만 잘 부러진다.

속생하는 것도 있다. 자라면 갓 가장자리가 잘 갈라진다.

🍴 독성　비슷하므로 주의!

쓴맛이 있고 독도 있으므로 식용하지 않는다.

쥐버섯 (p.64)

61

055 | 반투명만가닥버섯 | 별명 : ―

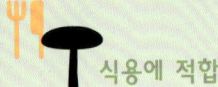
식용에 적합

송이과
반투명만가닥버섯

[발생 장소] 혼합림이나 잡목림, 소나무숲의 땅위

[발생 시기] 가을

[구별 방법] 갓은 찐빵모양에서 평평하게 벌어진다. 주름살과 대는 흰색이며, 상처 부분은 검은색으로 변한다.

[먹는 방법] 밥, 맑은장국 등의 국, 볶음 등

버섯밥이나 맑은장국으로 먹는다

갓은 흑갈색에서 회갈색이다. 속생 또는 군생하고, 갓 지름은 약 8㎝이다. 대는 굵고, 속이 비어 있다. 오래되거나 상처가 난 부분은 검게 변한다. 일단 데쳐서 조리하는 것이 좋다. 버섯밥이나 맑은장국으로 좋다.

잡목림 땅위에 군생한다. 낙엽과 색이 비슷해서 못 볼 수도 있다.

오래되거나 상처가 난 부분은 검게 변한다.

갓은 조금 갈색을 띤 회색. 반구형에서 거의 평평하게 벌어진다.

송이과
모래꽃만가닥버섯

갓은 자라면 평평하게 벌어진다. 대는 밑동이 굵다.

별명 : —

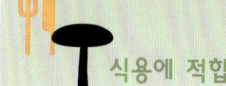
식용에 적합

056
모래꽃
만가닥
버섯

밑동에 흰색 균사가 붙어 있다

갓은 반구형에서 거의 평평하게 벌어진다. 오래되거나 상처가 난 부분이 검게 변하기 때문에 일본에서는 '검정물'이란 의미의 이름이 붙었다. 반투명만가닥버섯(p.62)과 비슷한데, 밑동에 흰색 균사가 있는 것이 특징이다.

- 【발생 장소】잡목림 땅위
- 【발생 시기】가을
- 【구별 방법】갓은 회갈색. 대는 밑동에 흰색 균사가 붙어 있다. 상처 부분은 검게 변한다.
- 【먹는 방법】무침, 조림, 볶음 등

주름살은 자라면 대에 조금 내려 붙는다. 큰 주름살 사이에 작은 주름살이 있다.

송이과
독송이

갓은 가운데가 볼록하고, 가장자리는 조금 흰색을 띤다. 대는 흰색 또는 노란색을 띤다.

별명 : —

독성

057
독송이

- 【발생 장소】잡목림 땅위
- 【발생 시기】가을
- 【구별 방법】갓은 연노란색이며, 방사상으로 갈색 잔무늬가 있고, 가운데가 볼록하다.
- 【먹는 방법】독이 있으므로 식용하지 않는다.

먹으면 중독된다

살충작용을 하는 트리콜롬산(tricholomic acid)이라는 아미노산 성분이 들어 있어 파리를 잡는 데 이용한다. 먹으면 파리처럼 되므로 먹지 않는다.

058 별명 : —

쥐버섯  독성

송이과
쥐버섯

 [발생 장소] 잡목림이나 소나무숲, 전나무숲 땅위

 [발생 시기] 가을

 [구별 방법] 갓은 은색을 띤 회색이며, 주름살과 대는 옅은 회색이다.

 [먹는 방법] 독이 있으므로 식용하지 않는다.

예쁜 버섯이지만 독이 있다

갓은 어릴 때는 원뿔모양 또는 찐빵모양이고, 자라면 평평하게 벌어지지만 가운데는 볼록하다. 주름살은 옅은 회색으로 큰 주름살 사이에 작은 주름살이 있다. 대도 옅은 회색이며 속이 차 있다.

서리버섯(p.60)으로 착각할 수 있는데, 쥐버섯은 씹으면 쓴맛이 난다. 독이 있으므로 먹지 않는다.

대는 옅은 회색. 속이 차 있다.
갓은 어릴 때(오른쪽 앞) 원뿔모양.

크고 작은 주름살이 번갈아 나란히 있다. 갓이 벌어져도 가운데는 볼록하다.

갓은 은색을 띤 아름다운 색. 대와 주름살은 옅은 회색.

송이과
할미송이

별명 : —

059

할미송이

  독성

아주 약간 독이 있으므로 주의

갓은 회색을 띤 것과 녹색을 띤 것 등 다양하며, 비누 같은 독특한 향이 있다. 오래되거나 상처가 난 부분은 조금 분홍색을 띤다. 주름살은 성기고, 큰 주름살 사이에 작은 주름살이 있다.
독성분이 확인되었으므로 먹지 않는다.

 [발생 장소] 전나무숲이나 소나무숲 등의 땅위

 [발생 시기] 가을

 [구별 방법] 갓은 회색을 띤 것과 녹색을 띤 것 등 다양하다. 상처가 난 부분은 조금 분홍색을 띤다.

 [먹는 방법] 독이 있으므로 식용하지 않는다.

회색을 띤 갓 타입. 녹색을 띤 것도 있다.

대는 흰색으로 약간 녹색이나 노란색을 띤다.

어릴 때는 갓이 아래로 말려 있다. 큰 주름살 사이에 작은 주름살이 있다.

어릴 때는 반구형인데 자라면서 거의 평평하게 벌어진다.

060 별명 : 땅디버섯

연기색만가닥버섯

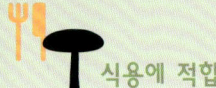 식용에 적합

송이과
연기색만가닥버섯

석가모니 머리모양이 떠오른다

매우 많은 버섯이 하나의 덩어리를 이루어 발생하므로 때로는 지름이 50㎝나 된다. 작은 버섯이 많이 모여 있는 모양은 석가모니 머리가 떠오르게 한다.
어릴 때는 갓이 반구형이고, 자라면 평평하게 벌어진다. 갓은 옅은 회색이고, 주름살과 대는 흰색이다.
씹는 맛이나 맛과 향이 모두 좋은 버섯이다.

 【발생 장소】 잡목림 땅위

 【발생 시기】 늦여름~초가을

 【구별 방법】 2~3㎝ 크기의 매우 많은 버섯이 한 덩어리로 발생한다.

 【먹는 방법】 맑은장국 등의 국, 볶음 등

여름 끝 무렵부터 초가을에 한 덩어리를 이루어 발생한다.

갓은 반구형에서 거의 평평하게 벌어진다. 주름살이 대에 내려 붙는 것도 있다.

균사가 덩어리를 이룬 균괴에서 버섯이 계속 발생한다.

작은 버섯이 수없이 많이 모여서 석가모니 머리처럼 보인다.

큰 덩어리는 눈에 잘 띈다.

갓은 회색을 띤 흰색, 주름살과 대는 흰색.

061 느티만가닥버섯

별명 : —

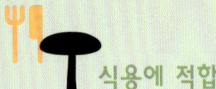
식용에 적합

송이과
느티만가닥버섯

일본에서는 '땅찌만가닥버섯'이란 이름으로 판매된다

일본에서는 느티만가닥버섯을 톱밥 등으로 재배한 것이 '땅찌만가닥버섯'이란 이름으로 판매된다. 자연산 느티만가닥버섯은 갓 표면이 상아색이고 가운데가 옅은 갈색이며, 대리석 같은 무늬가 있고 촉촉한 느낌이다.

주름살은 빽빽하고, 큰 주름살 사이에 작은 주름살이 있으며, 대는 흰색으로 단단하고 속도 차 있다.

다양한 요리에 이용할 수 있다.

 [발생 장소] 너도밤나무나 느릅나무, 개굴피나무 등의 넓은잎나무를 자른 그루터기나 쓰러진 나무

 [발생 시기] 가을

 [구별 방법] 갓 표면은 가운데가 옅은 갈색이고, 가장자리는 흰색을 띠어 대리석무늬처럼 보인다.

 [먹는 방법] 밥, 국, 무침, 조림, 구이, 볶음 등

재배 버섯에 비해 자연산은 갓이 흰색을 띠고 촉촉한 느낌.

갓 가운데에는 대리석 같은 무늬가 있다.

갓 표면이 매끄럽고, 조직은 단단하다. 밑동에 흰 균사가 붙기도 한다.

갓은 찐빵모양에서 평평한 찐빵모양의 반반구형으로 벌어진다.

재배한 느티만가닥버섯. 톱밥 등에서 재배한다.

062 민자주방망이버섯

별명 : 가지버섯

먹는 방법에 주의

[발생 장소] 잡목림이나 일본잎갈나무숲의 땅위, 얼룩조릿대 숲속

[발생 시기] 가을~초겨울

[구별 방법] 전체가 자주색이다. 건조한 환경에서는 흰색을 띤다.

[먹는 방법] 반드시 데쳐서 물은 버리고 조리한다.

송이과

민자주방망이버섯

예쁜 자주색으로 인기가 있다

때로는 수십 개의 버섯이 원을 그리거나 줄지어 발생하여 버섯을 채취하는 사람들의 눈을 즐겁게 한다.

날로 먹거나 과식하면 기분이 이상해질 수 있다. 식용할 때는 데쳐서 물은 버리고 조리한다.

발생 장소에 따라서는 냄새가 조금 싫을 수도 있지만, 피클로 만들면 괜찮다.

유균. 짙은 자주색이다.

자라면 색이 조금 옅어진다.

갓은 나중에 위로 젖혀져서 가운데가 움푹하고 색도 바랜다.

대는 속이 차 있다. 조직도 자주색이다.

주름살도 자주색. 빽빽하고 큰 주름살 사이에 작은 주름살이 있다.

숲속에 줄을 짓거나 원을 그리며 나와 사람들의 눈을 즐겁게 한다.

전체가 예쁜 자주색이다.

송이과
남빛밤버섯

별명 : ―

063 남빛밤버섯

? 독성 미확인

- 【발생 장소】 각종 숲속의 습기 있는 곳
- 【발생 시기】 가을
- 【구별 방법】 갓은 회색을 띤 보라색이고, 주름살은 흰색. 대는 섬유질로 단단하다.
- 【먹는 방법】 식용인지 독버섯인지 불분명하므로 식용하지 않는다.

어릴 때는 찐빵모양. 자라면 거의 평평하게 벌어진다.

주름살은 흰색. 대는 단단하고, 밑동에 흰색 균사가 붙어 있다.

갓은 회색을 띤 보라색
습기 있는 곳에 많이 발생한다. 갓은 회색을 띤 보라색으로 자라면서 차츰 퇴색한다. 주름살은 흰색이며 빽빽하다. 대는 보라색이며 속이 비어 있다. 현재 독성은 불분명하다.

송이과
헛깔때기버섯

별명 : ―

064 헛깔때기버섯

✗ 식용에 부적합

- 【발생 장소】 너도밤나무 등이 쓰러진 것이나 마른나무 위, 그 주변의 땅위
- 【발생 시기】 가을
- 【구별 방법】 갓은 깔때기모양으로 옅은 회색. 어릴 때는 갓 가장자리가 아래로 많이 말려 있다.
- 【먹는 방법】 식용에 부적합하다.

쓰러진 나무나 마른나무에 군생 또는 속생한다.

어릴 때는 갓가장자리가 아래로 많이 말려 있다. 자라면 깔때기모양.

갓이 깔때기모양이며, 대는 긴 편
갓은 깔때기모양이며 옅은 회색이다. 대는 길고, 갓과 같은 색이거나 조금 흰색이다. 밑동에 흰색 균사가 붙어 있다.
주름살은 성기고, 자라면서 대에 내려붙는다.

065 하늘색깔때기버섯

별명 : —

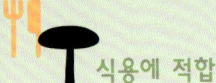
식용에 적합

송이과
하늘색깔때기버섯

【발생 장소】 각종 숲속의 부엽토가 쌓인 장소

【발생 시기】 가을

【구별 방법】 갓이 파란색을 띤 회색이다. 조직은 흰색. 대는 밑동이 솜모양의 흰 균사로 덮여 있다.

【먹는 방법】 국, 조림, 볶음 등

파란색을 띤 회색 갓이 특징

어릴 때는 갓이 찐빵모양이며 파란색을 띤 회색이다. 자라면 평평하게 벌어지고, 가장자리가 흰색을 띤다. 주름살은 흰색에서 유백색이며, 자라면 대에 조금 내려 붙는다. 대는 갓보다 조금 옅은 색. 밑동이 솜모양의 흰색 균사로 덮여 있다.

먹을 수 있지만 특유의 향이 있어 기호에 따라 싫어할 수도 있다.

자라면 갓은 거의 평평해진다. 가운데는 짙은 회색, 가장자리는 흰색을 띤다.

주름살은 조금 성기며, 어릴 때는 대에 수직으로 붙고, 자라면 내려 붙는다.

대는 표면에 섬유모양의 잔무늬가 있다. 속은 차 있고, 조직은 흰색.

밑동이 파란색을 띤 흰색 균사로 덮여 있다.

송이과
흰주름만가닥버섯

별명 : —

066
흰주름
만가닥
버섯

 독성

현재 독버섯으로 취급한다

예전에 식용한 적도 있지만, 현재는 독버섯으로 취급한다. 갓, 주름살, 대가 모두 분을 칠한 것 같은 흰색이다. 군생 또는 속생하고, 때로는 줄을 짓듯이 나기도 한다.

갓은 찐빵모양에서 평평한 찐빵모양의 반반구형으로 핀다. 대는 어릴 때는 속이 차 있지만, 자라면 속이 빈다.

 【발생 장소】 각종 숲속이나 길가, 풀밭 등의 땅위

 【발생 시기】 가을

 【구별 방법】 전체가 분을 칠한 것 같은 흰색. 8등신이며 주름살이 매우 가늘다.

 【먹는 방법】 독이 있으므로 식용하지 않는다.

● 버섯이야기

식용버섯인지 독버섯인지는 기본적으로 많은 사람의 경험으로 판명한다. 현재 식용하더라도 앞으로 독버섯으로 취급될 수 있다.
먹는 양이나 체질, 술과의 궁합 등에 따라 중독이 되기도 한다. 특히 초보자는 정확하게 확인할 수 없는 버섯에는 손을 대지 않는 것이 좋다.

대도 흰색. 어릴 때는 속이 차 있지만, 나중에 속이 빈다. 밑동에는 균괴가 있다.

주름살도 흰색. 매우 빽빽하고, 자라면 대에 내려붙는다.

분을 칠한 것처럼 새하얗다.

067 버터애기버섯

별명 : —

식용에 부적합

송이과
버터애기버섯

 【발생 장소】 넓은잎나무나 바늘잎나무의 낙엽이 쌓인 곳

 【발생 시기】 가을

 【구별 방법】 갓은 적갈색으로, 건조하면 가장자리가 흰색이 된다. 대는 잘 갈라진다.

 【먹는 방법】 식용에 부적합하다.

무미 무취로 깊은 맛은 없다

수분이 많고 조직도 얇아서 깊은 맛이 나는 버섯은 아니다.
일본에서는 가짜 뽕나무버섯이란 뜻의 이름으로 불린다.

나중에는 갓이 위로 젖혀지듯이 벌어져서 접시처럼 된다.

갓은 찐빵모양에서 반반구형이 된다.

주름살은 흰색으로 빽빽. 대는 위가 가늘고, 밑동은 불룩하며 조금 구부러진다.

---

068 점박이애기버섯

별명 : —

식용에 부적합

송이과
점박이애기버섯

 【발생 장소】 활엽수림이나 일본잎갈나무숲의 땅위

 【발생 시기】 가을

 【구별 방법】 처음에는 전체가 흰색이고, 나중에 적갈색 점이 생긴다. 갓은 찐빵모양에서 평평하게 벌어진다.

 【먹는 방법】 식용에 부적합하다.

적갈색 점이 생긴다

갓은 흰색으로 표면이 매끄럽다. 오래되면 적갈색 얼룩 같은 점이 생기고, 때로는 전체에 넓게 퍼진다. 대는 섬유질이고, 속이 비어 있다.
먹을 수 있지만 쓴맛이 있어서 식용에 부적합하다.

흰색이고 표면이 매끄럽다. 대는 밑동이 굵고 속이 비어 있다.

오래되면 갓이 황갈색을 띠며, 얼룩 같은 점이 생긴다.

송이과
참부채버섯

별명 : 늦은호엔부엘버섯

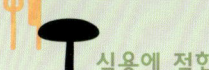
식용에 적합

참부채버섯

갓은 젤라틴질 층이 있어 껍질이 잘 벗겨진다

갓 표면의 껍질 아래에 젤라틴질 층이 있어서 껍질이 잘 벗겨진다. 젤라틴질 층 때문에 조리하면 조직도 젤라틴처럼 부드러워진다.
갓은 반원모양. 대는 갓 한쪽에 붙어 있고, 턱받이는 없다.
참부채버섯은 식용으로 무난한 버섯이지만, 독버섯인 화경버섯(p.76)과 비슷하므로 주의한다.

 [발생 장소] 너도밤나무, 참피나무, 느릅나무 등 넓은잎나무가 쓰러진 것

 [발생 시기] 가을

 [구별 방법] 갓 표면의 껍질이 잘 벗겨진다. 대는 갓 한쪽에 붙으며, 굵고 짧다.

 [먹는 방법] 국, 조림, 볶음 등

쓰러진 나무 등에 포개져서 발생하는 것이 많다.

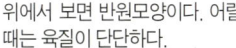
위에서 보면 반원모양이다. 어릴 때는 육질이 단단하다.

주름살은 조금 노란색을 띤 흰색이며 매우 빽빽하다.

🍄 **독성** 비슷하므로 주의!
찢어보면 속에 검은 점이 있다. 
화경버섯(p.76)

껍질 아래에 젤라틴질 층이 있어 껍질이 잘 벗겨진다.

070 별명 : ―

화경버섯  독성

 【발생 장소】 쓰러진 너도밤나무나 마른나무 등

 【발생 시기】 여름 ~ 가을

 【구별 방법】 자르면 갓과 대 사이에 검은 얼룩이 있다. 주름살과 대의 경계에 고리모양의 턱받이가 있다. 어둠 속에서 푸르스름하게 빛난다.

 【먹는 방법】 독이 있으므로 식용하지 않는다.

송이과
화경버섯

표고나 참부채버섯과 비슷하지만 독성이 강하다

독성이 강해서 위장계통에 중독을 일으킨다. 표고(p.117)나 참부채버섯(p.75)과 비슷해서 착각하고 먹는 경우가 많으므로 주의한다.
주름살과 대의 경계에 고리모양의 턱받이가 있고, 잘라보면 갓과 대 사이에 검은 얼룩이 있는 것이 특징이다. 하나하나 잘 확인하는 것이 중요하다.
어둠 속에서 푸르스름하게 빛나기 때문에 일본에서는 '달밤'이라는 의미의 이름이 있다.

색은 노란색에서 빨간색, 보라색을 띤 것 등이 있다.

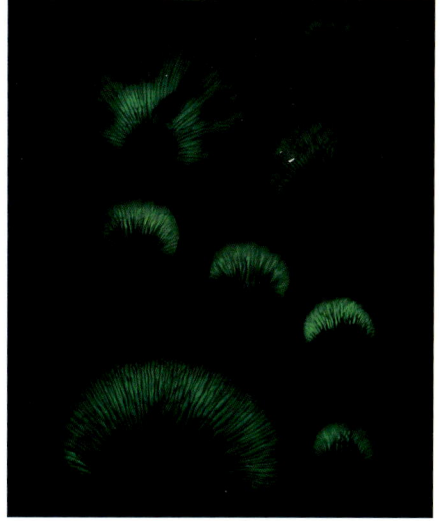
발광성이 있어 어둠 속에서 푸르스름하게 빛난다.

어릴 때는 황토색을 띤다.

자르면 갓과 대의 경계에 검은 얼룩이 있다.

포개지듯이 발생한다. 표고나 참부채버섯으로 착각하지 않도록 주의.

유균. 고리모양의 턱받이 위에서 주름살이 자라 갓을 들어 올리듯이 자란다.

주름살은 흰색.

자라면 평평하고 얇아진다. 색은 검은색을 띤다.

77

071 별명 : 팽나무버섯

팽이버섯

식용에 적합

- 【발생 장소】 쓰러진 넓은잎나무나 그 루터기
- 【발생 시기】 늦가을~초봄
- 【구별 방법】 갓은 황갈색이며 점액이 있다. 대는 잔털이 나고, 표면이 벨벳 모양.
- 【먹는 방법】 밥, 국, 무침, 조림, 구이, 볶음 등

송이과
팽이버섯

재배한 것과 달리 갓이 황갈색이고 점성도 강하다

흔히 보아 온 희고 대가 긴 재배 버섯과 달리 자연산은 갓이 황갈색이며 점액이 있다. 대는 흑갈색으로 잔털이 있고, 표면은 벨벳모양이다.
도시의 가로수 등에 발생하기도 한다.
맛과 향이 좋고 아삭아삭하게 씹는 맛도 좋아서 다양한 요리에 이용할 수 있다.

자라면서 갓이 평평하게 벌어지고 위로 젖혀진다.

주름살은 흰색에서 유백색. 조금 성기고, 큰 주름살 사이에 작은 주름살이 있다.

쓰러진 나무에 발생한 팽이버섯. 속생하는 것이 많다.

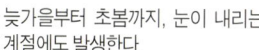 자연산은 갓도 황갈색으로 큰 편. 점성이 강하며 아름답다.

큰 덩어리가 되는 것도 있다.

🍴 Cooking

버섯샐러드

늦가을부터 초봄까지, 눈이 내리는 계절에도 발생한다.

갓은 점성이 강하고 윤기가 있어 아름답다. 주름살은 가운데를 향하여 볼록하게 나온다.

072 별명 : ―

깔때기
버섯

먹는 방법에 주의

 [발생 장소] 각종 숲속이나 풀밭 등의 땅위, 참억새 들판

 [발생 시기] 가을

 [구별 방법] 자라면 갓이 깔때기모양이 된다. 조직이 얇은 것에 비해 단단하다.

 [먹는 방법] 반드시 데쳐서 물은 버리고 조리한다.

숲속 등에 단생, 속생, 군생한다.

송이과

깔때기버섯

독깔때기버섯이나 배불뚝이깔때기버섯과 착각하지 않도록 한다

갓은 처음에는 평평하거나 가운데가 약간 오목한데, 자라면 깔때기모양이 된다. 갓과 대는 살구색. 주름살은 옅은 노란색이며, 큰 주름살 사이에 작은 주름살이 있고, 대에 많이 내려 붙는다.

옛날부터 먹어 왔지만 약간의 독성분이 확인되었으므로 반드시 데쳐서 물은 버리고 조리한다.

독이 있는 독깔때기버섯(p.88)이나 배불뚝이깔때기버섯(p.270)과 비슷하므로 주의한다.

독깔때기버섯이나 배불뚝이깔때기버섯과 비슷하므로 주의한다.

🍄 **독성**   비슷하므로 주의!

독깔때기버섯 (p.88)
모양이 매우 비슷하므로 주의한다.

배불뚝이깔때기버섯 (p.270)
깔때기버섯만큼 가운데가 오목하지 않다.

대는 단단하고 속도 차 있다.
밑동에 흰색 균사가 있다.

오래되면 갓 전체가 물결모양이 된다.

자라면 깔때기모양이 된다. 주름살은 빽빽하며, 크고 작은 주름살이 있다.

어릴 때는 대가 굵고, 밑동은 더 굵다.

송이과
뽕나무버섯

별명 : 글쿠버섯, 참나무가다발, 가다발 073
먹는 방법에 주의
뽕나무버섯

날로 먹으면 중독되므로 주의

전국적으로 잘 알려진 인기 있는 버섯으로 지방에 따라 다양한 이름으로 불린다.

갓 가운데에 알갱이모양의 인편이 모여 있고, 습한 환경에서는 점액이 나온다.

한 아름이나 되는 덩어리도 있어 매우 볼만하다.

식용할 때는 데쳐서 물은 버리고 조리한다. 위장계통의 중독을 일으키기도 하므로 5개 이상 먹지 않는다.

- **【발생 장소】** 넓은잎나무 그루터기나 쓰러진 나무, 그 근처 땅위
- **【발생 시기】** 늦여름 ~ 가을
- **【구별 방법】** 갓은 가운데에 알갱이모양의 인편이 있다. 대에는 폭이 넓은 턱받이가 있다.
- **【먹는 방법】** 반드시 데쳐서 물은 버리고 조리한다.

나무 그루터기나 쓰러진 나무에 대량으로 속생한다. 여름 끝 무렵부터 가을에 한 덩어리를 이루어 발생한다.

갓 가운데에 알갱이모양의 인편이 모여 있다.

갓은 어릴 때는 반구형이고 나중에는 반반구형. 색은 황토색.

때로는 마른나무를 뒤덮듯이 발생. 이런 나무를 찾는 것이 버섯 채취의 참맛.

노란색을 띠는 타입.

비 갠 후 등 습한 환경에서는 점액이 나온다.

074 뽕나무버섯부치

별명 : ―

먹는 방법에 주의

송이과
뽕나무버섯부치

 【발생 장소】 각종 숲속의 나무 그루터기나 쓰러진 나무

 【발생 시기】 가을

 【구별 방법】 갓 가운데에 알갱이모양의 인편이 있다. 뽕나무버섯과 비슷한데 대에 턱받이가 없다.

 【먹는 방법】 반드시 데쳐서 물은 버리고 조리한다.

뽕나무버섯과 비슷하다

뽕나무버섯(p.82)과 비슷하며, 대부분 지방에서 구별하지 않고 이용한다. 뽕나무버섯과 다른 점은 대에 턱받이가 없다는 것이다.

식용할 때는 데쳐서 물은 버리고 조리하며, 과식하지 않도록 한다.

모양, 색, 맛이 모두 뽕나무버섯과 비슷하다.

대에 턱받이가 없는 것이 뽕나무버섯과의 차이점.

075 꿀버섯

별명 : ―

먹는 방법에 주의

송이과
꿀버섯

 【발생 장소】 물참나무나 일본잎갈나무 그루터기 등

 【발생 시기】 가을

 【구별 방법】 뽕나무버섯이 좀 더 다부진 느낌. 갓에 갈색 인편이 있다. 대에는 턱받이가 있다.

 【먹는 방법】 반드시 데쳐서 물은 버리고 조리한다.

과식 등에 주의

뽕나무버섯(p.82)과 비슷한데 다부진 느낌이다. 갓과 대에 인편이 있고, 턱받이도 있다.

식용할 때는 데쳐서 물은 버리고 조리하며, 과식하지 않도록 한다.

갓은 찐빵모양에서 자라면 반반구형. 뽕나무버섯보다 다부진 느낌.

턱받이가 뚜렷하게 있다. 대는 아래쪽이 검은색을 띤다.

송이과
넓은주름긴뿌리버섯

별명 : 넓은솔버섯

076

넓은주름긴뿌리버섯

독성

위장 장애 등의 중독을 일으킨다

이름은 주름살이 넓고 성긴 데서 유래한다. 큰 주름살 사이에 작은 주름살이 있다. 갓은 회갈색이며 방사상의 주름이 있다. 벌어지면 가운데가 오목하고, 가장자리가 잘 갈라진다.

대는 꽉 차고 단단하다. 잘 볼 수 있는 버섯은 아니지만 군생하기도 한다. 위장계통의 중독을 일으키므로 먹지 않는다.

 【발생 장소】 썩은 넓은잎나무 또는 그 주변 땅위

 【발생 시기】 여름~가을

 【구별 방법】 갓은 반구형에서 평평하게 벌어지고, 가운데가 오목하다. 습한 환경에서는 점액이 나온다. 주름살은 성기다.

 【먹는 방법】 독이 있으므로 식용하지 않는다.

주름살은 흰색. 큰 주름살 사이에 작은 주름살이 있다.

자라면 갓이 벌어지고 가운데가 오목하다. 가장자리는 잘 갈라진다.

주름살은 성기고, 대에 조금 내려 붙는다.

077 자국눈억새버섯

별명 : —

독성 미확인

송이과
자국눈억새버섯

- **[발생 장소]** 각종 숲속의 땅위
- **[발생 시기]** 가을
- **[구별 방법]** 갓은 가장자리가 아래로 말리는데, 나중에 얕은 깔때기모양이 된다. 잔털이 있고, 향이 있다.
- **[먹는 방법]** 식용인지 독버섯인지 불분명하므로 식용하지 않는다.

갓에 흰 털이 있다
수백 개의 버섯이 강처럼 줄지어 있거나, 큰 원을 그리며 발생한다.
갓에는 흰색 털이 나 있고, 좋은 향이 있다.
국내 미기록종이다.

흰색 갓에 흰색 털이 나서 눈이 얇게 쌓인 것처럼 보인다.

갓은 자라면 얕은 깔때기모양이 된다. 대는 밑동에 흰색 균사가 있다.

주름살은 흰색이며 빽빽하다. 대도 흰색.

---

078 끈적긴뿌리버섯아재비

별명 : —

식용에 부적합

송이과
끈적긴뿌리버섯아재비

- **[발생 장소]** 너도밤나무가 쓰러진 것이나 마른나무
- **[발생 시기]** 가을
- **[구별 방법]** 부드럽고 만지면 끈적거리는 느낌이다. 어릴 때는 가운데가 회갈색을 띤다. 자라면 흰색.
- **[먹는 방법]** 식용에 부적합하다.

유균은 금방 만든 떡 같다
부드러워서 상처가 나기 매우 쉬운 버섯이다. 갓은 반구형에서 평평한 찐빵모양의 반반구형이 된다. 습한 환경에서는 점액이 많이 나온다.
오래되면 옅은 갈색으로 변한다.

유균은 금방 만든 떡처럼 보인다.

오래되면 옅은 갈색으로 변색.
주름살은 흰색으로 성기고, 맥이 있으며 서로 이어져 있다.

송이과
애주름버섯

별명 : 콩나물애주름버섯

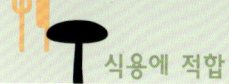 식용에 적합

079 애주름버섯

팽이버섯처럼 사용한다

갓은 원뿔모양에서 거의 평평하게 벌어진다. 표면에는 방사상의 선이 있고, 가장자리가 톱니모양처럼 되기도 한다.

파는 팽이버섯처럼 사용할 수 있지만, 식용하는 사람은 적은 듯하다. 이끼 낀 오래된 그루터기 등에 군생하므로 가위로 밑동에서 조심스럽게 채취하여 이용한다.

 【발생 장소】 넓은잎나무의 오래된 그루터기나 쓰러진 나무

 【발생 시기】 여름~가을

 【구별 방법】 갓은 회갈색이며, 방사상의 선이 있다. 원뿔모양에서 거의 평평하게 벌어진다.

 【먹는 방법】 밥, 국, 무침, 조림, 구이, 볶음 등

자라면서 갓이 벌어져 챙이 넓은 모자처럼 된다.

주름살은 성기고 옅은 회색. 머지않아 옅게 분홍색을 띠게 된다.

갓은 어릴 때는 원뿔모양. 방사상의 선이 있다. 습한 환경에서는 점액이 나온다.

오래된 그루터기 등에 군생한다.

080	별명 : ㅡ

독깔때기버섯  독성

송이과
독깔때기버섯

 [발생 장소] 일본잎갈나무숲 땅위나 조릿대 숲속

 [발생 시기] 가을

 [구별 방법] 갓은 자라면 깔때기모양이 된다. 주름살은 빽빽하고 옅은 황갈색. 밑둥에 흰색 균사가 있다.

 [먹는 방법] 독이 있으므로 식용하지 않는다.

손발 끝 등에 심한 통증이 오래 계속된다

갓은 자라면서 가운데가 오목해져 깔때기모양이 된다. 주름살은 빽빽하며 대에 내려 붙는다. 대는 갓과 같은 색이고, 섬유질로 단단하며, 속은 비어 있다.

먹으면 3~7일 후 중독 증상이 나타나며, 손발 끝 등에 심한 통증이 와서 1개월 이상 계속되기도 한다.

깔때기버섯(p.80)과 비슷하므로 주의한다.

이런 모양으로 속생한다. 또는 단생, 군생한다.

자라면서 가운데 파인 곳이 깊어져서 결국 깔때기모양이 된다.

어릴 때는 갓 가장자리가 아래로 말린다.

대는 속이 비어 있으며, 밑동에는 흰색 균사가 있다.

주름살은 빽빽. 대에 길게 내려 붙는다.

갓은 주황색을 띤 갈색. 어릴 때는 가운데가 조금 오목한 정도.

081 별명 : —

맑은애주름버섯  독성

송이과
맑은애주름버섯

독은 있지만 숲속에 줄지어 있는 모습이 너무나 귀엽다

숲속에서 보는 모습은 귀엽고, 갓이 분홍색에서 자주색, 회색을 띤 것까지 다양하다.
갓은 처음에 원뿔모양이던 것이 평평하게 벌어지고, 나중에는 위로 젖혀진다. 습할 때는 방사상의 홈선이 생긴다. 주름살은 성기고, 대는 속이 비어 있다.
전에는 식용하였으나, 현재는 독성분이 확인되었다.

 【발생 장소】 각종 숲속의 낙엽 사이

 【발생 시기】 봄 ~ 가을

 【구별 방법】 갓은 지름 2~5㎝로 분홍색에서 자주색, 회색. 습한 환경에서는 방사상의 홈선이 생긴다.

 【먹는 방법】 독이 있으므로 식용하지 않는다.

습한 환경에서는 갓에 방사상의 홈선이 생긴다.

갓은 분홍색에서 자주색, 회색을 띤 것도 있다.

대는 흰색을 띠고 있지만, 나중에 갓과 거의 같은 색이 된다. 속은 비어 있다.

자라면 갓 가장자리가 위로 젖혀지듯이 말린다.

주름살은 성기고, 큰 주름살 사이에 작은 주름살이 있다.

91

082

별명 : 긴뿌리버섯

민긴뿌리버섯

 식용에 부적합

송이과
민긴뿌리버섯

갓에서 뿌리 끝까지 40cm 이상인 것도 있다

조심스럽게 파서 뿌리 끝까지 나오면 장대라고 할 정도로 길어서 때로는 40cm 이상 된다.

갓은 회갈색으로 어릴 때는 원뿔모양이고, 자라면서 평평하게 벌어진다. 불규칙한 주름이 있고, 습한 환경에서는 점액이 나온다.

씹는 맛이 좋고 먹을 수 있지만, 일반적으로 식용으로는 적합하지 않다.

 【발생 장소】 각종 숲속의 땅위

 【발생 시기】 가을

 【구별 방법】 뿌리가 땅속 깊이까지 자란다. 갓은 회갈색이며 불규칙한 주름이 있다. 습한 환경에서는 점액이 나온다.

 【먹는 방법】 식용에 부적합하다.

갓은 회갈색이며 방사상의 주름이 있다.

비 갠 후 등 습한 환경에서는 점액이 나온다.

털긴뿌리버섯. 민긴뿌리버섯 종류. 갓이 잔털로 덮여 있다.

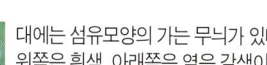

대에는 섬유모양의 가는 무늬가 있다. 위쪽은 흰색, 아래쪽은 옅은 갈색이다.

뿌리를 끝까지 조심스럽게 파보면, 때로는 길이가 40㎝나 된다.

대는 밑동이 조금 굵고, 뿌리는 다시 가늘어져서 땅속 깊이까지 자란다.

083 세로줄애주름버섯

별명 : —

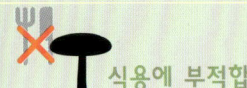
식용에 부적합

송이과
세로줄애주름버섯

 [발생 장소] 넓은잎나무 그루터기나 썩은 나무 등

 [발생 시기] 여름~가을

 [구별 방법] 갓은 옅은 회색에서 회갈색. 대는 표면에 섬유모양의 가는 선이 있다.

 [먹는 방법] 식용에 부적합하다.

어디서나 볼 수 있는 키다리 버섯

넓은잎나무 그루터기나 썩은 나무 등에 발생하는 귀여운 버섯이다.
갓은 원뿔모양에서 평평하게 벌어지고, 대가 길이 10㎝ 정도 되는 키다리다.
식용에 부적합하다.

갓은 지름이 약 2㎝, 대는 길이 10㎝ 정도. 비교적 어디에서나 볼 수 있다.

084 가마애주름버섯

별명 : —

식용에 부적합

송이과
가마애주름버섯

 [발생 장소] 넓은잎나무의 마른 잔가지나 낙엽

 [발생 시기] 가을

 [구별 방법] 요오드팅크 비슷한 약품 냄새가 난다. 대가 1㎜ 전후로 가늘고, 아래쪽에 흰색의 미세한 털이 있다.

 [먹는 방법] 식용에 부적합하다.

약품 냄새가 나는 것이 특징

대는 굵기가 1㎜ 전후로 가늘고, 키는 약 10㎝. 갓은 옅은 회갈색이며, 방사상으로 잔주름이 있다. 요오드팅크 비슷한 약품 냄새가 나서 식용에 부적합하다.

갓은 어릴 때는 찐빵모양에서 원뿔모양이 된다. 자라면 평평해진다.

송이과
적갈색애주름버섯

별명 : ―

 식용에 부적합

085
적갈색
애주름
버섯

검은색을 띤 빨간 즙이 나온다

썩은 넓은잎나무 등에 속생 또는 군생한다.
상처 부분에서는 피 같은 색의 즙이 나와 얼룩이 되는 것이 특징이다.
갓은 종모양이나 원뿔모양이고 표면에 방사상의 선이 있으며, 습한 환경에서는 점액이 나온다. 가장자리가 톱니모양처럼 되기도 한다. 대는 짙은 적갈색이며, 밑동에 미세한 털이 있다.

 【발생 장소】 넓은잎나무 썩은 것이나 낙엽 위

 【발생 시기】 가을

 【구별 방법】 갓은 옅은 적갈색이며, 가장자리가 톱니모양처럼 되는 것도 있다.

 【먹는 방법】 식용에 부적합하다.

갓 표면에는 방사상의 선이 있다. 조직은 얇고 투명한 느낌이다.

대는 밑동에 미세한 흰색 털이 있다. 길이는 환경에 따라 변한다.

넓은잎나무의 오래된 그루터기 등에 발생한다.

086 노란애주름버섯

별명 : —

식용에 부적합

송이과
노란애주름버섯

상처가 나면 주황색 즙이 나온다

갓은 회색을 띤 옅은 등황색이며, 어릴 때는 종모양이나 원뿔모양이다 점차 평평하게 벌어진다. 표면에는 방사상의 선이 있다. 주름살은 성기고, 대는 투명한 느낌의 주황색에서 주홍색으로 밑동에 미세한 털이 있다. 상처가 나면 주황색 즙이 나와 얼룩이 된다.
작은 숲의 요정이 생각나는 귀여운 버섯이지만, 식용에는 부적합하다.

 【발생 장소】 너도밤나무 썩은 것이나 낙엽 위

 【발생 시기】 가을

 【구별 방법】 갓은 회색을 띤 등황색. 대는 주황색에서 주홍색으로 밑동에 미세한 털이 있다. 상처 부분에서는 주황색 즙이 나온다.

 【먹는 방법】 식용에 부적합하다.

오래된 썩은 나무 틈 등에서 긴 대를 쭉 빼고 얼굴을 내민다.

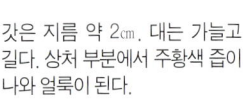
갓은 지름 약 2cm. 대는 가늘고 길다. 상처 부분에서 주황색 즙이 나와 얼룩이 된다.

낙엽 등의 위에 속생하는 것이 많다.

불쑥 솟아오른 모습은 마치 숲을 지키는 요정처럼 귀엽다.

그물버섯과
노란대쓴맛그물버섯

별명 : 노란대껄껄이그물버섯

087

노란대
쓴맛그물
버섯

식용에 적합

주로 여름에 발생한다

버섯을 채취하는 계절은 가을이지만, 이 버섯은 주로 여름에 발생한다.

갓은 밝은 팥색이고, 관공은 흰색에서 상아색. 대는 밝은 팥색으로 작은 인편이 있다. 무엇보다 밑동이 노란 것이 특징이다. 조직은 상처가 나도 변색되지 않는다.

파스타 요리나 오믈렛 등에 어울린다.

 【발생 장소】 전나무나 너도밤나무, 물참나무숲의 땅위

 【발생 시기】 여름

 【구별 방법】 갓은 밝은 팥색. 관공은 흰색. 대는 밑동이 노란 것이 특징.

 【먹는 방법】 파스타, 달걀요리 등

대에는 작은 인편이 있다. 속에는 차 있다. 조직은 흰색.

관공은 흰색에서 상아색.

갓은 어릴 때는 찐빵모양이고, 자라면 거의 평평하게 벌어진다.

여름에 채취하는 버섯이다. 갓은 밝은 팥색.

088 별명 : 접시껄껄이그물버섯

껄껄이
그물버섯 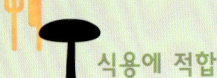 식용에 적합

- 【발생 장소】 잡목림 땅위
- 【발생 시기】 여름~가을
- 【구별 방법】 갓은 불규칙하게 금이 가서 노란색 살이 보인다.
- 【먹는 방법】 파스타나 리소토 외에 볶음 등

그물버섯과

껄껄이그물버섯

갓에 불규칙한 금이 있다

등황색에서 밝은 황토색의 멋있는 버섯이다. 갓 표면에 불규칙하게 금이 가 있어 노란색 살이 보이는 것이 특징이다. 대는 굵고 단단하며, 황갈색 인편이 있다.

특별한 맛이나 향이 없어 다양한 요리에 이용할 수 있는데, 특히 파스타나 리소토 등에 좋다.

상처가 잘 나고, 안에 벌레가 들어가는 경우도 있으므로 조심한다.

대형 버섯으로 때로는 갓 지름이 30㎝나 된다.

숲속에 줄지어 나기도 한다. 습한 환경에서는 점액이 나온다.

어릴 때는 갓이 반구형이며, 표면이 벨벳 같은 감촉.

대는 갈색을 띤 주황색. 속이 차 있다. 상처가 나도 변색되지 않는다.

관공은 노란색으로 점차 갈색을 띤다.

자라면서 갓 가장자리부터 금이 간다.

089 별명 : —

그물버섯아재비 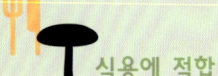 식용에 적합

 【발생 장소】 각종 숲속의 땅위

 【발생 시기】 여름~가을

 【구별 방법】 갓은 황토색. 대는 밑동이 굵고, 표면에 그물무늬가 있다. 관공은 흰색.

 【먹는 방법】 파스타나 리소토 외에 볶음 등

그물버섯과

그물버섯아재비

고급 식재료인 포르치니 버섯과 매우 비슷한 품종

고급 식재료로 취급되는 이탈리아 버섯 포르치니와 비슷한 품종으로, 맛에서도 뒤지지 않는 맛있는 버섯이다.

갓은 어릴 때 찐빵모양이고 표면이 벨벳모양이지만, 자라면 거의 평평하게 벌어지고 표면이 매끄럽다. 대는 밑동이 곤봉처럼 굵고, 표면에는 그물 같은 무늬가 있다. 관공은 처음에는 흰색이고 차츰 노란색을 띤다.

갓은 찐빵모양. 살이 두툼하고 당당한 풍격이 느껴지는 버섯.

Cooking

그물버섯아재비 파스타. 말린 것을 사용한다.

말리면 맛과 향이 좋아지고 오래 보관할 수 있다.

유균은 반구형으로 광택이 있다.

자라면 갓은 거의 평평하게 벌어진다. 습한 환경에서는 점액이 나온다.

대는 곤봉처럼 밑동이 굵다. 밑동에는 흰색 균사가 있다.

관공은 처음에는 흰색이며, 자라면서 노란색을 띤다. 유균은 관공이 흰색 막으로 덮여 있다.

대는 굵고, 표면에 그물 무늬가 있다.

구릿빛그물버섯

별명: —

식용에 적합

【발생 장소】 각종 숲속의 땅 위

【발생 시기】 여름~가을

【구별 방법】 갓은 암갈색. 처음에는 표면이 벨벳모양이고 금이 생기기도 한다. 대는 표면에 그물무늬가 있다.

【먹는 방법】 파스타나 리소토 외에 볶음 등

그물버섯과

짙은 맛과 향이 양식과 매우 잘 어울린다

그물버섯아재비(p.100)처럼 이용할 수 있는 맛과 향이 좋은 버섯이다. 갓은 암갈색으로 처음에는 벨벳 같은 감촉이다. 자라면 표면이 매끄럽지만 잔금이 생기기도 한다. 대는 옅은 암갈색이며, 표면에 그물무늬가 있다. 관공은 흰색이지만 곧 노란색을 띠며, 유균일 때는 흰색 균사로 덮여 있다.

갓은 암갈색. 대는 밑동이 굵다.

갓은 반구형이나 찐빵모양. 유균은 보동보동한 모양.

자라면 갓은 찐빵모양으로 벌어진다. 관공은 처음에는 흰색이고, 곧 노란색을 띤다.

대는 밑동이 굵고, 표면에는 그물무늬가 있다. 조직은 흰색. 상처가 나도 색이 변하지 않는다.

자라면 갓은 색이 퇴색하거나 잔금이 생기기도 한다.

091 수원그물버섯

별명 : ―

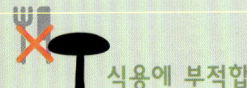
식용에 부적합

그물버섯과
수원그물버섯

- 【발생 장소】 활엽수림 땅위
- 【발생 시기】 여름 ~ 가을
- 【구별 방법】 대에 갈색 그물무늬가 있다. 육질은 어릴 때는 단단하고, 자라면 부드러워진다.
- 【먹는 방법】 식용에 부적합하다.

밝은 주황색이 특징이고, 대는 표면이 그물모양

갓과 관공은 밝은 주황색이다. 대는 조금 갈색을 띤 주황색으로 표면에 그물무늬가 있다.

쓴맛이 나는 것이 있으므로 식용하지 않는다.

밝은 주황색은 황금이 생각나게 한다.

---

092 흑자색그물버섯

별명 : 가지색그물버섯

식용에 적합

그물버섯과
흑자색그물버섯

- 【발생 장소】 너도밤나무류 숲속이나 혼합림 땅위
- 【발생 시기】 여름 ~ 가을
- 【구별 방법】 갓은 어릴 때는 검은색을 띤 보라색. 오래되면 노란색과 검은색 얼룩모양이 된다.
- 【먹는 방법】 볶음 등

오래되면 노란색과 검은색 얼룩모양

갓은 어릴 때는 검은색을 띤 보라색이지만, 오래되면 노란색과 검은색 얼룩모양이 된다. 관공은 흰색으로 나중에 조금 노란색을 띤다. 대는 표면에 그물무늬가 불룩하게 솟아 있어서 꺼칠꺼칠하다. 육질이 단단하고 맛과 향이 좋다.

갓은 어릴 때는 검은색을 띤 보라색. 자라면 노란색과 검은색 얼룩모양이 된다.

그물버섯과

볼레투스 움브리니포루스

Boletus umbriniporus

별명 : —

093
볼레투스
움브리니
포루스

 독성 미확인

식용인지 독버섯인지 불분명하므로 먹지 않는다

어릴 때는 갓이 찐빵모양이고, 표면은 벨벳 같은 감촉이다. 갓은 점차 벌어져서 거의 평평해지고, 표면도 거의 매끄럽게 된다. 대는 단단하고, 표면에 그물무늬가 있으며, 속이 차 있다. 상처 부분은 검은색으로 변한다. 식용인지 독버섯인지 분명하지 않으므로 먹지 않는다.

- 【발생 장소】 각종 숲속의 땅위
- 【발생 시기】 가을
- 【구별 방법】 갓은 황토색에서 암갈색. 상처 부분은 검은색으로 변색.
- 【먹는 방법】 식용인지 독버섯인지 불분명하므로 식용하지 않는다.

대는 단단하고 속이 차 있다. 상처 부분은 검은색으로 변한다.

관공은 빽빽하고, 노란색을 띤 갈색에서 암갈색.

갓은 어릴 때 찐빵모양이고, 표면은 벨벳 같은 감촉이다.

전체적으로 황토색에서 암갈색이다.

094 검정그물버섯

별명 : —

식용에 부적합

그물버섯과
검정그물버섯

- 【발생 장소】 각종 숲속의 땅위
- 【발생 시기】 가을
- 【구별 방법】 갓 표면이 부드러운 가죽 같은 감촉. 조직은 상처 부분이 조금 분홍색을 띤다.
- 【먹는 방법】 식용에 부적합하다.

갓은 표면이 부드러운 가죽 감촉

전체적으로 회갈색이다. 갓은 어릴 때는 찐빵모양. 점차 평평하게 벌어져 나중에는 위로 젖혀진다. 보통 갓 지름이 약 10㎝이며, 부드러운 가죽 같은 감촉이다.

대는 표면에 그물무늬가 있고, 속은 차 있다. 조직은 흰색에서 노란색이며, 상처 부분은 조금 분홍색을 띤다.

일반적으로 식용에 부적합하다.

조직은 흰색에서 노란색. 상처 부분은 조금 분홍색을 띤다.

대는 단단하고 표면에 그물무늬가 있다. 밑동이 조금 노란색을 띤다.

전체가 회갈색. 갓은 나중에 위로 젖혀진다.

그물버섯과
튼그물버섯

별명 : —

 독성

095

튼그물버섯

독성분이 확인되었으므로 식용하지 않는다

갓은 어릴 때 가장자리가 아래로 심하게 말려 있다. 갓 지름이 20㎝ 이상 되는 대형 버섯으로, 표면에 잔금이 있다. 대는 굵으며, 위쪽이 노란색이고 아래쪽은 빨간색이다. 그물무늬가 있다.

다른 나라에서는 맛있는 버섯으로 소개되기도 하지만, 쓴맛이 있고 독성분도 확인되었으므로 식용하지 않는다.

- 【발생 장소】 소나무나 좀솔송나무 등의 숲속 땅위
- 【발생 시기】 여름 ~ 가을
- 【구별 방법】 갓 지름이 20㎝ 이상이며, 표면에 잔금이 생긴다. 관공은 노란색이지만 상처가 나면 파란색이 된다.
- 【먹는 방법】 독이 있으므로 식용하지 않는다.

어릴 때는 갓 가장자리가 아래로 심하게 말려 있다.

대는 표면에 그물무늬가 있다. 상처 부분은 파란색으로 변한다.

갓이 약 20㎝ 이상 되는 대형 버섯.

096 | 별명 : —

빨간구멍그물버섯

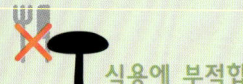
식용에 부적합

그물버섯과
빨간구멍그물버섯

독이 있어 보이는 색이 특징

갓은 찐빵모양에서 평평하게 벌어지고, 표면은 벨벳 같은 감촉이다. 갓과 관공은 적갈색이다. 대는 주황색을 띤 갈색으로 섬유모양의 가는 무늬가 있다. 세게 만지거나 상처가 난 부분은 짙은 파란색으로 변한다.

먹을 수 있지만 독이 있어 보이는 색 때문에 일반적으로 잘 채취하지 않는다.

 [발생 장소] 활엽수림 땅위

 [발생 시기] 여름 ~ 가을

 [구별 방법] 갓과 관공은 적갈색. 세게 만지거나 상처가 난 부분은 짙은 파란색으로 변한다.

 [먹는 방법] 식용에 부적합하다.

관공은 적갈색. 대는 밑동이 굵다.

대는 속이 차 있다. 상처 부분은 짙은 파란색으로 변색.

갓은 적갈색으로 독이 있어 보인다.

그물버섯과
붉은그물버섯

별명 : —

097

식용에 부적합

붉은그물버섯

누룩 같은 냄새가 난다

갓은 주홍색에서 암적색이며, 표면이 벨벳 같은 감촉이다. 자라면 잔금이 생기기도 한다.
관공은 노란색에서 겨자색이며 조금 성기고, 각 구멍은 네모모양이다.
일본에서는 누룩 같은 냄새가 난다 하여 '누룩버섯'이란 이름이 있다. 먹을 수 있지만 일반적으로 식용 가치는 없다.

【발생 장소】활엽수림 땅위나 잔디밭 위

【발생 시기】가을

【구별 방법】갓은 주홍색에서 암적색이며, 표면은 벨벳모양. 조직은 상처가 나면 파란색으로 변색.

【먹는 방법】식용에 부적합하다.

세게 만진 부분은 짙은 파란색으로 변색. 관공은 노란색이며 성기다.

대는 밑동에 흰색 균사가 붙어 있다.

갓은 찐빵모양에서 평평하게 벌어진다.

098 별명 : —

기로돈 리비두스  식용에 적합

- **[발생 장소]** 활엽수림 땅위
- **[발생 시기]** 가을
- **[구별 방법]** 어릴 때는 갓 가장자리가 아래로 말린다. 표면은 부드러운 가죽 같다. 세게 만지면 파란색으로 변색.
- **[먹는 방법]** 국, 볶음 등

그물버섯과

기로돈 리비두스 *Gyrodon lividus*

갓 표면이 부드러운 가죽 같은 감촉

갓은 황갈색이고, 표면은 부드러운 가죽 같은 감촉이다. 어릴 때는 찐빵모양이며, 가장자리가 아래로 심하게 말려 있다. 자라면 평평하게 벌어지고 가운데가 오목하다. 관공은 옅은 황갈색이며 대에 내려 붙는다. 대는 회갈색. 세게 만지거나 상처가 난 부분은 파란색으로 변하고, 나중에 적자색이 된다. 국이나 볶음요리로 좋다.

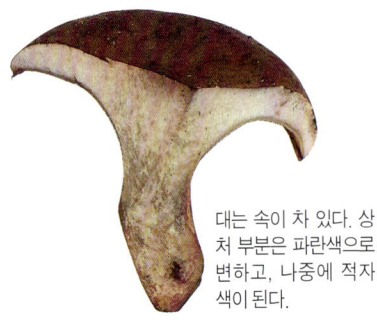

대는 속이 차 있다. 상처 부분은 파란색으로 변하고, 나중에 적자색이 된다.

관공은 옅은 황갈색이며, 나중에 조금 녹색을 띤다.

자라면 갓이 평평하게 벌어지고 가운데가 오목해진다. 습한 환경에서는 점액이 조금 나온다.

갓은 어릴 때는 찐빵모양. 가장자리가 심하게 아래로 말린다.

그물버섯과
밤꽃그물버섯

별명 : —

식용에 적합

099 밤꽃그물버섯

갓 표면은 암갈색. 관공은 황금빛.

- 【발생 장소】 각종 숲속의 땅위
- 【발생 시기】 여름 ~ 가을
- 【구별 방법】 갓은 암갈색. 습한 환경에서는 점액이 나온다. 상처 부분은 금방 짙은 파란색으로 변색.
- 【먹는 방법】 국, 조림 등

유럽에서는 맛있는 버섯

상처가 난 부분은 금방 짙은 파란색으로 변한다. 변색된 부분은 조리하면 없어진다.
식용버섯이지만 일반적으로 일본에서는 먹지 않고, 유럽에서는 맛있는 버섯으로 소개되어 있다.

신그물버섯과
산그물버섯

별명 : —

식용에 부적합

100 산그물버섯

세게 만지거나 상처가 난 부분은 파란색으로 변한다.

- 【발생 장소】 각종 숲속의 땅위
- 【발생 시기】 가을
- 【구별 방법】 갓은 갈색. 어릴 때는 찐빵모양이지만 자라면 평평하게 벌어진다.
- 【먹는 방법】 식용에 부적합하다.

갓 표면이 벨벳모양

갓 표면은 갈색이고, 벨벳 같은 감촉이다. 어릴 때는 찐빵모양이지만 자라면 평평하게 벌어지고, 관공이 부풀어서 뒤집어놓은 찐빵모양이 된다.

별명 : —

노란길민그물버섯

 독성

산그물버섯과

선명한 노란색 주름살이 특징

주름살은 성기고, 선명한 노란색이다. 크고 작은 주름살이 있고, 대에 길게 내려 붙는다.

갓은 어릴 때는 찐빵모양이고, 자라면서 평평하게 벌어져 나중에는 가운데가 오목해진다. 조직은 흰색에서 옅은 노란색이다.

식용하기도 하지만, 체질에 따라 중독될 수도 있으므로 먹지 않는다.

 [발생 장소] 적송숲이나 졸참나무숲 땅위

 [발생 시기] 여름

 [구별 방법] 주름살이 노란색으로 성기고, 큰 주름살 사이에 작은 주름살이 있다. 갓 표면이 벨벳 같은 감촉.

 [먹는 방법] 독이 있으므로 식용하지 않는다.

갓은 마지막에 가운데가 오목하고 가장자리가 위로 젖혀진다.

주름살은 노란색으로 대에 내려 붙는다.

갓 표면은 벨벳 같은 감촉.

산그물버섯과
좀노란그물버섯

별명 : 좀노란밤그물버섯   **102**   좀노란그물버섯

식용에 부적합

 【발생 장소】 혼합림 땅위

 【발생 시기】 여름~가을

 【구별 방법】 갓은 표면이 어두운 다홍색이고, 가장자리에 잔금이 있다. 관공은 노란색. 밑동에 흰색 균사가 있다.

 【먹는 방법】 식용에 부적합하다.

빨간색과 노란색 대비가 특징

갓은 어두운 다홍색이고, 가장자리가 잘게 갈라져 있다. 관공은 노란색으로 구멍이 크고, 대는 갓보다 옅은 색이다. 쓴맛이 있어 식용으로 적합하지 않다.

갓 표면은 어두운 다홍색. 가장자리가 갈라지기도 한다.

대는 곤봉모양이며 밑동이 굵다. 흰색 균사가 있다.

산그물버섯과
털밤그물버섯

별명 : —   **103**   털밤그물버섯

독성

 【발생 장소】 활엽수림 땅위

 【발생 시기】 가을

 【구별 방법】 갓은 옅은 갈색, 관공은 연노란색. 대는 적갈색이며, 튀어나온 흰색 그물무늬가 있다.

 【먹는 방법】 독이 있으므로 식용하지 않는다.

최근에 중독 사례가 있다

갓은 옅은 갈색이고, 찐빵모양에서 거의 평평하게 벌어진다. 표면은 벨벳 같은 감촉이다. 적갈색 대에 흰색 그물무늬가 있는 것이 특징이다.

맛과 향이 좋은 버섯으로 식용해 왔는데, 최근 중독 사례가 있으므로 먹지 않도록 한다.

갓은 옅은 갈색. 대에 그물무늬가 있다.

별명 : 검은산그물버섯

흑자색 산그물버섯

식용에 부적합

산그물버섯과
흑자색산그물버섯

어느 숲에서나 볼 수 있다

어느 숲에서나 볼 수 있는 버섯이다. 갓 표면은 광택이 없는 갈색으로 자라면 금이 생긴다.

갓 지름은 약 5㎝이고, 키는 약 10㎝이다. 관공은 성기고, 노란색에서 옅은 황갈색. 대는 갈색에서 옅은 갈색.

세게 만진 부분은 파란색에서 빨간색으로 변하고, 나중에 검은색이 된다.

일반적으로 식용에 부적합하다.

 [발생 장소] 각종 숲속의 땅위

 [발생 시기] 가을

 [구별 방법] 갓은 광택이 없는 갈색. 관공은 노란색으로 성기다. 세게 만진 부분은 파란색에서 빨간색이 되었다가 나중에 검은색이 된다.

 [먹는 방법] 식용에 부적합하다.

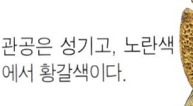

관공은 성기고, 노란색에서 황갈색이다.

대는 속이 차 있다. 조직은 흰색으로 상처 부분이 파란색에서 빨간색으로 변하고, 나중에 검은색이 된다.

갓은 표면에 불규칙하게 금이 있다. 세게 만진 부분은 파란색에서 빨간색으로 변하고, 나중에 검은색이 된다.

갓 표면은 광택이 없는 갈색이다.

귀신그물버섯과
솔방울귀신그물버섯

별명 : 털귀신그물버섯

식용에 적합

105
솔방울
귀신그물
버섯

귀신그물버섯과 비슷해서 구별하기 어렵다

귀신그물버섯(p.116)과 매우 비슷해서 눈으로 봐서는 거의 구별할 수 없다. 갓 표면은 부드러운 검은색 인편으로 덮여 있다. 관공은 옅은 회색, 조직은 흰색이며, 대가 똑 부러지기 쉬운 특징이 있다. 상처 부분은 빨간색으로 변하는데, 나중에 검은색이 된다. 귀신그물버섯처럼 맛있는 버섯이다.

【발생 장소】소나무나 전나무 혼합림 땅 위

【발생 시기】여름~가을

【구별 방법】갓 표면이 검은색 인편으로 덮여 있다. 대가 똑하고 부러진다.

【먹는 방법】마리네, 조림 등

조직은 흰색. 관공은 옅은 회색.

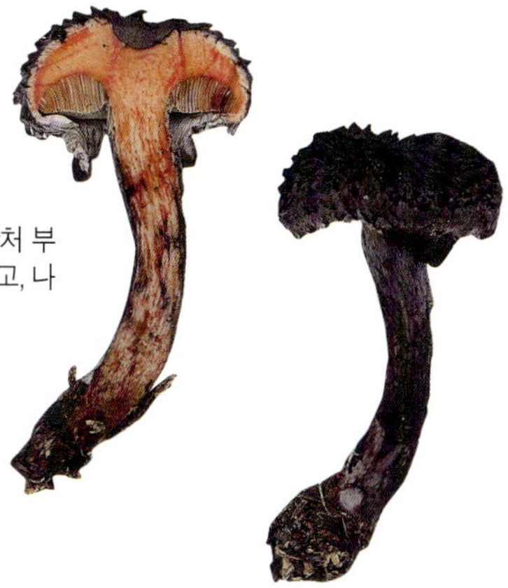

갓 표면은 부드러운 검은색 인편으로 덮인다.

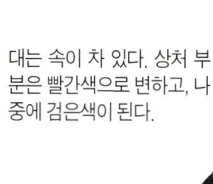

대는 속이 차 있다. 상처 부분은 빨간색으로 변하고, 나중에 검은색이 된다.

귀신그물버섯

별명 : 솔방울그물버섯

귀신그물버섯과

식용에 적합

겉으로 보기에는 별로지만 맛있는 버섯

갓은 어릴 때는 찐빵모양이고, 자라면서 평평하게 벌어진다. 표면은 회갈색에서 옅은 갈색이며, 부드러운 검은색 인편으로 덮여 있다. 관공은 옅은 회색, 조직은 흰색. 상처 부분은 적갈색으로 변한다.
갓에 있는 인편이 기분 나쁜 느낌이지만, 맛과 향이 좋은 버섯이다.

- **【발생 장소】** 소나무나 전나무 혼합림 땅 위
- **【발생 시기】** 여름 ~ 가을
- **【구별 방법】** 갓 표면이 부드러운 검은색 인편으로 덮여 있다. 대는 검은색으로 잘 부러진다.
- **【먹는 방법】** 마리네, 조림 등

대는 위쪽이 흰색을 띤다. 속은 차 있다.

관공은 옅은 회색. 조직은 흰색. 상처 부분은 적갈색으로 변색.

어릴 때는 갓 표면이 비교적 매끄럽다.

자라면 갓 표면이 부드러운 인편으로 덮인다.

느타리과
표고

재배한 버섯보다 특유의 맛과 향이 없다

넓은잎나무를 자른 그루터기 등에 발생하고, 작은 시내의 나무다리 아래 등 의외의 장소에 발생하기도 한다.

잘 알려져 있지 않은데, 설구운 것을 먹으면 중독될 수도 있다. 최근에 나온 톱밥에 재배한 버섯은 특유의 맛과 향이 적고 갓이 두꺼워서 표고를 싫어하는 사람도 좋아한다.

별명 : —

식용에 적합

【**발생 장소**】 모밀잣밤나무나 참나무, 상수리나무 등의 쓰러진 나무나 그루터기

【**발생 시기**】 봄, 가을

【**구별 방법**】 갓은 갈색으로 솜털모양의 인편이 있다. 오래되면 주름살에 갈색 점이 생긴다.

【**먹는 방법**】 밥, 국, 무침, 조림, 구이, 볶음 등

 독성   비슷하므로 주의!

대는 어릴 때는 흰색. 나중에 갈색으로 변색. 대에도 인편이 있다.

찢어보면 속에 검은 점이 있다.

화경버섯(p.76)

갓은 때로는 위로 젖혀져 가장자리가 물결모양. 주름살은 빽빽.

어릴 때는 찐빵모양이며, 가장자리가 아래로 말려 있다. 자라면 평평하게 벌어진다.

갓은 다갈색. 솜털 같은 인편이 나이테무늬를 만들지만 자라면 없어진다.

별명 : —

느타리  식용에 적합

느타리과
느타리

 【발생 장소】 넓은잎나무 그루터기나 쓰러진 나무, 가로수 등

 【발생 시기】 거의 1년 내내

 【구별 방법】 갓은 회색에서 갈색. 주름살은 빽빽하고 흰색. 대는 흰색으로 갓 한쪽에 붙는다.

 【먹는 방법】 튀김 외에 조림, 볶음 등

대부분의 넓은잎나무에 거의 1년 내내 발생한다

거의 1년 내내 넓은잎나무를 자른 그루터기나 쓰러진 나무 외에 가로수 등에서도 발생한다.

갓은 반원모양으로 어릴 때는 가장자리가 아래로 말리고, 자라면 벌어져서 물결모양이 된다. 대는 짧고, 갓 한쪽에 붙는다.

맛과 향이 좋아서 다양한 요리에 이용할 수 있다.

화경버섯(p.76)과 모양이 비슷하므로 착각하지 않도록 한다.

대부분의 넓은잎나무에 겹치듯이 발생한다.

🍴 Cooking

경수채와 버섯절임

주름살은 빽빽하고, 대에 내려 붙는다. 대는 갓 한쪽에 붙는다.

🍄 독성 — 비슷하므로 주의!

찢어보면 속에 검은색 점이 있다.

화경버섯 (p.76)

가로수 등 가까운 곳에서도 발생한다.

어릴 때는 갓이 찐빵모양이고, 가장자리가 아래로 말린다. 눈이 쌓인 한겨울에 발생해 그대로 얼어 있는 것도 있다.

자라면 갓이 벌어져서 반원모양이 되고, 가장자리가 물결모양이다.

119

산느타리  식용에 적합

느타리과
산느타리

조직이 얇은 느타리 비슷한 버섯

넓은잎나무 그루터기나 쓰러진 나무 등에 겹치듯이 많이 발생한다.
갓은 어릴 때는 찐빵모양이고, 자라면 반원모양으로 벌어진다. 색은 옅은 회색에서 옅은 갈색 등이 있다. 조직은 흰색으로 햇빛이 비칠 정도로 얇으며, 주름살은 조금 성기고 대에 내려 붙는다.
느타리(p.118)와 색도 모양도 매우 비슷해서 눈으로 봐서는 구별하기 어렵다.

 [발생 장소] 넓은잎나무 그루터기나 쓰러진 나무, 마른나무 등

 [발생 시기] 장마철 ~ 초가을

 [구별 방법] 느타리와 비슷하지만, 햇빛이 비칠 정도로 조직이 얇다. 색은 옅은 회색에서 옅은 갈색.

 [먹는 방법] 튀김 외에 조림, 볶음 등

쓰러진 나무 등에 겹치듯이 발생한다.

주름살은 조금 성기고, 대에 내려 붙는다.

마른나무 등에서도 발생한다. 군생하는 것이 많다.

갓은 어릴 때는 찐빵모양이고, 자슴 밀어져 반원모양이 된다.

갓이 옅은 갈색인 타입. 대는 갓 한쪽에 붙는다.

110 흰느타리

별명 : —

식용에 적합

느타리과
흰느타리

 【발생 장소】느릅나무가 쓰러진 것이나 마른나무

 【발생 시기】장마철 ~ 여름

 【구별 방법】갓은 선명한 노란색이며, 자라면 가운데가 오목한 깔때기모양이다. 주름살은 대에 내려 붙는다.

 【먹는 방법】맑은 장국이나 포타주 등의 국, 볶음 등

쓰러진 나무나 마른나무에 발생한다. 자라면 갓은 깔때기모양이 된다.

선명한 노란색이 눈에 띈다

선명한 노란색이 특징이다. 갓은 처음에는 찐빵모양인데, 나중에는 깔때기모양이 된다.

일반적으로 친숙하지는 않지만 맛과 향이 좋고 재배한 것도 판매한다.

장마철 ~ 여름에 쓰러진 나무 등에 발생한다.

---

111 파누스 토룰로수스

별명 : —

식용에 부적합

느타리과
파누스 토룰로수스 *Panus torulosus*

 【발생 장소】활엽수림의 쓰러진 나무나 마른나무

 【발생 시기】가을

 【구별 방법】갓은 살구색으로 찐빵모양에서 깔때기모양이 된다. 주름살은 대에 내려 붙는다. 조직은 단단하다.

 【먹는 방법】식용에 부적합하다.

조직이 단단해서 식용에 부적합

갓은 어릴 때는 찐빵모양이지만, 자라면 깔때기모양이 된다. 주름살은 대에 내려 붙는다. 대는 짧고 표면에 인편이 있다. 조직이 단단해서 식용으로 적합하지 않다.

자라면 갓이 깔때기모양이 된다. 조직은 얇고 단단하다.

굴뚝버섯과
능이

별명 : 향버섯

먹는 방법에 주의

먹는 방법이 잘못되지 않도록 주의한다

갓은 깔때기모양으로, 가운데가 밑동까지 움푹 파여 있다. 표면은 어릴 때는 옅은 갈색으로 곧 흑갈색이 되며, 큰 인편이 있는 것이 특징이다. 잘못 먹으면 쓴맛이 나고, 구토가 나기도 한다.

말린 것을 미지근한 물에 담가서 불리고, 검은색 우러난 물은 버린다. 이것을 반복한 후 물에 데쳐서 버섯밥 등을 만든다. 데친 국물은 조림 등에 이용한다.

【발생 장소】 활엽수림 땅위

【발생 시기】 가을

【구별 방법】 갓은 어릴 때는 옅은 갈색이고, 나중에 흑갈색이 된다. 표면에 큰 인편이 있고, 가운데는 밑동까지 움푹 파여 있다.

【먹는 방법】 말려서 뜨거운 물에 담가 불리는 것을 반복한 후 물은 버리고 데쳐서 조리한다.

갓은 가운데가 밑동까지 파여 있다.

갓은 약 15cm이며 흑갈색.

갓은 뒤에 가시가 많다.

갓 표면에 큰 인편이 있다.

갓에는 큰 인편이 있다.

등색주름버섯

주름버섯과

 식용에 적합

- **[발생 장소]** 활엽수림이나 풀밭 위
- **[발생 시기]** 여름~가을
- **[구별 방법]** 갓은 유백색으로 비단 같은 광택이 있다. 얇은 막모양의 턱받이가 있다. 손으로 세게 만지면 갈색으로 변색.
- **[먹는 방법]** 국, 조림, 볶음, 튀김 등

서양에서 인기 있는 양송이 종류

갓은 유백색이며, 비단 같은 광택이 있는 아름다운 버섯이다. 어릴 때는 달걀모양이나 차츰 벌어져서 평평해지고, 막 같은 턱받이가 벗겨진다.

양송이 종류로 유럽에서는 인기 있다. 자라면 주름살이 검은색이 되므로 가능하면 어릴 때 양송이처럼 이용하는 것이 좋다.

마귀광대버섯(p.256) 종류와 착각하지 않도록 주의한다.

갓은 달걀모양에서 평평하게 벌어진다. 벗겨진 턱받이가 망토처럼 보인다.

독성

비슷하므로 주의!

독우산광대버섯(p.254)
밑동에 큰 턱받이가 있고 독성이 강하다.

애광대버섯(p.172)
흰색으로 매끌매끌하며, 독이 있다.

알광대버섯 아재비(p.170)
갓은 거무스름한 노란색. 독성이 강하다.

비탈광대버섯(p.175)
갓에 돌기모양의 인편이 있고, 독이 있다.

대는 흰색이며, 밑동이 굵다. 속은 꽉 차 있다. 주름살은 옅은 분홍색을 띤다.

유균은 달걀모양. 마라카스(라틴아메리카의 민속악기)처럼 보인다.

Cooking

크림크로켓

별명 : ―

턱받이
금버섯

먹는 방법에 주의

[발생 장소] 각종 숲속이나 숲길, 풀밭 등의 땅위

[발생 시기] 가을

[구별 방법] 전체가 황토색 가루로 덮여 있다. 독특한 땀냄새 같은 것이 난다.

[먹는 방법] 반드시 데쳐서 물은 버리고 조리한다.

숲속 길가 등에 군생한다.

주름버섯과

턱받이금버섯

드물게 중독을 일으킨다

전체가 황토색 가루로 덮여 있다. 갓은 처음에는 원뿔모양이고, 자라면 거의 평평하게 벌어져서 가운데가 볼록해진다. 주름살은 빽빽하고, 옅은 노란색인데 나중에 황갈색이 된다.

어릴 때는 막이 주름살을 단단히 싸고 있는데, 곧 벗겨져서 대에 턱받이로 남는다.

드물게 중독을 일으키기도 하므로 데쳐서 물은 버리고 조리하며, 너무 많이 먹지 않도록 한다.

정원 등 가까운 곳에 발생하기도 한다.

만지면 콩가루 같은 가루가 묻는다.

어릴 때는 주름살이 막에 단단히 싸여 있다.

갓 표면에 방사상의 주름이 생기는 것도 있다.

갓은 원뿔모양에서 거의 평평하게 벌어진다. 대에는 턱받이가 남는다.

127

115 여우갓버섯

별명 : ―

식용에 부적합

주름버섯과
여우갓버섯

【발생 장소】 각종 숲속이나 대나무 숲, 풀밭 등의 땅위

【발생 시기】 여름~가을

【구별 방법】 갓은 적갈색이며 인편이 있다. 대는 흰색이며 턱받이가 있다.

【먹는 방법】 식용에 부적합하다.

갓 표면에 인편이 있다

갓은 찐빵모양에서 평평하게 벌어지고, 표면에는 가는 인편이 있다. 대는 흰색으로 밑동이 굵고, 빨간색 테두리 선이 있는 턱받이가 있다. 속은 비어 있다.

어릴 때는 찐빵모양. 차츰 평평하게 벌어진다.

갓이 피면 가운데는 색이 짙은 채로 있고, 주위는 퇴색한다. 대는 흰색이며 턱받이가 있다.

116 갈색고리갓버섯

별명 : ―

식용에 부적합

주름버섯과
갈색고리갓버섯

【발생 장소】 각종 숲속이나 공원의 땅위

【발생 시기】 가을

【구별 방법】 갓은 흰색이고 가운데는 갈색. 가는 인편이 있다. 대에 턱받이가 남는 것도 있다.

【먹는 방법】 식용에 부적합하다.

갓에 갈색 인편이 있다

갓은 가운데가 갈색이고, 표면 전체에 가는 갈색 인편이 있다. 대에 턱받이가 있는데, 남지 않는 것도 있다. 독이 있을 수 있으므로 먹지 않는다.

갓은 흰색이고 가운데는 갈색.

대는 흰색. 턱받이가 남는 것도 있고 남지 않는 것도 있다.

주름버섯과
꼬마주름버섯

주름살은 자주색을 띤 회색. 대는 흰색이며 턱받이가 있다.

갓 표면은 조금 자주색을 띤 흰색이며, 가운데는 적갈색.

별명 : —

 독성 미확인

117 꼬마주름버섯

- 【발생 장소】 각종 숲속이나 길가, 대나무숲 등의 땅위
- 【발생 시기】 여름~가을
- 【구별 방법】 전체가 조금 자주색을 띤 흰색이며, 갓 가운데는 적갈색. 주름살은 자주색을 띤 회색.
- 【먹는 방법】 식용인지 독버섯인지 불분명하므로 식용하지 않는다.

조금 자주색을 띤 흰색이다

갓은 찐빵모양에서 평평하게 벌어진다. 표면에는 적갈색 인편이 있는데, 가운데에 빽빽이 난다. 대에는 턱받이가 있다. 상처 부분은 노란색으로 변한다.

주름버섯과
광비늘주름버섯

갓 표면에는 가는 인편이 있고, 가운데에 빽빽이 난다.

대는 밑동이 굵고, 속은 비어 있다. 상처 부분은 노랗게 변색.

별명 : 노란대주름버섯

 독성

118 광비늘주름버섯

- 【발생 장소】 각종 숲속이나 대나무숲 땅위
- 【발생 시기】 여름~가을
- 【구별 방법】 갓 표면은 옅은 회색. 검은색 가는 인편이 가운데에 빽빽이 난다.
- 【먹는 방법】 독이 있으므로 식용하지 않는다.

양송이 종류이지만 독이 있다

양송이 종류이지만 독이 있다.

갓 표면에는 검은색 가는 인편이 있으며, 가운데에 빽빽이 나고 검은색이 된다. 만지거나 상처가 난 부분은 노란색으로 변한다.

독청버섯과
나도팽나무버섯

별명 : 맛버섯

식용에 적합

때로는 한 장소에서 10kg 이상 채취하기도 한다

갓은 처음에는 반구형이고, 자라면서 평평하게 벌어진다. 갓 표면은 적갈색에서 황토색이고, 점성이 강한 점액이 있다. 대에는 젤라틴질 턱받이가 남는데, 자라면 없어진다.

갓이 서로 겹치듯이 군생하므로 한 장소에서 10kg 이상 채취할 때도 있다.

○ 쓰러진 넓은잎나무나 마른나무에 발생한다.

- **[발생 장소]** 넓은잎나무인 너도밤나무가 쓰러진 것이나 마른나무, 그루터기 등
- **[발생 시기]** 가을
- **[구별 방법]** 갓은 황토색에서 적갈색으로 점액이 있다. 어릴 때는 대에 젤라틴질 턱받이가 있다.
- **[먹는 방법]** 국, 무침, 구이 등

●버섯이야기

나도팽나무버섯은 식탁에서 흔히 보는 버섯인데, 자연산은 살이 두껍고 맛과 향도 특별하다. 단순한 방법이지만, 갓이 핀 큰 버섯을 숯불에 구워 먹으면 맛을 제대로 느낄 수 있다. 어렴풋이 송이 향이 나는 것도 있다.

얼어 있는 나도팽나무버섯. 일본에서는 눈이 많이 쌓일 때까지 발생한다.

대 표면에는 얼룩무늬가 있다. 젤라틴질 턱받이가 있는데 곧 없어진다.

어릴 때는 갓 가장자리가 아래로 말려 있다.

서로 겹치듯이 발생하여 때로는 한 장소에서 10kg 이상 채취하기도 한다.

유균은 갓이 반구형. 포동포동하다.

별명 : ―

개암버섯  먹는 방법에 주의

독청버섯과
개암버섯

아삭아삭 씹히는 맛이 좋다

갓은 적갈색으로 솜털 같은 인편이 붙어 있다. 주름살은 조금 빽빽하고, 큰 주름살 사이에 작은 주름살이 있으며, 오래되면 자주색을 띤 갈색이 된다. 대는 섬유질로 단단하고 속이 차 있다.

아삭아삭하게 씹히는 맛과 향이 좋고 맛있는 국물을 낼 수 있지만, 유럽에서는 독버섯으로 취급한다. 식용할 때는 데쳐서 물은 버리고 조리하며, 너무 많이 먹지 않는다.

 [발생 장소] 넓은잎나무 그루터기나 쓰러진 나무, 그 주변 땅위

 [발생 시기] 가을

 [구별 방법] 갓은 적갈색으로 찐빵모양에서 거의 평평하게 벌어진다. 주름살은 유백색에서 자갈색이 된다.

 [먹는 방법] 반드시 데쳐서 물은 버리고 조리한다.

서로 겹치듯이 속생한다. 갓은 크기가 다양하다.

Cooking

개암버섯크로켓

자라면 반구형에서 찐빵모양으로 벌어진다.

갓은 평평하게 벌어지고, 오래되면 위로 젖혀진다.

나무 그루터기나 묻혀 있는 나무 등에 많이 발생한다.

대는 섬유질로 단단하며 잘 부러지지 않는다.

🍁 **독성** 비슷하므로 주의!

갓은 어릴 때 반구형이다.

쓴맛이 강하고 독이 있다.

노란다발 (p.50)

갓 표면에 솜털 같은 인편이 있다.

121 검은비늘버섯

별명 : ―

식용에 적합

- **[발생 장소]** 너도밤나무 등의 넓은잎나무 그루터기나 마른나무 줄기
- **[발생 시기]** 여름~가을
- **[구별 방법]** 갓은 노란색을 띤 갈색이며, 솜털모양의 인편이 있다. 주름살은 자라면 갈색이 된다.
- **[먹는 방법]** 국, 무침, 구이 등

독청버섯과
검은비늘버섯

나도팽나무버섯과 맛과 향이 비슷하며 색도 예쁘다

갓은 어릴 때는 찐빵모양이고 자라면 평평한 찐빵모양의 반반구형으로 벌어지며, 표면은 솜털 같은 인편으로 덮여 있다. 색도 밝고 예쁘다. 주름살은 옅은 갈색으로 오래되면 색이 짙어진다. 대는 단단하며, 표면에 인편이 있다.

점액이 있고, 맛과 향이 나도팽나무버섯과 비슷하여 버섯메밀국수의 고명으로 잘 어울린다.

대는 표면에 인편이 있다.

주름살은 빽빽하며, 큰 주름살 사이에 작은 주름살이 있다.

🍁 **독성**   비슷하므로 주의!

점액은 없다.   가시모양의 인편이 있다.

비늘버섯 (p.136)   침비늘버섯 (p.48)

갓은 황갈색. 표면이 솜털모양의 인편으로 덮여 있다.

독청버섯과
금빛비늘버섯

별명 : —

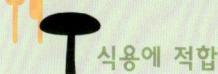

큰 것은 갓 지름이 15㎝ 이상

갓은 황갈색으로 표면이 솜털모양의 갈색 인편으로 덮인다. 큰 것은 갓 지름이 15㎝ 이상 된다. 주름살은 연노란색으로 나중에 적갈색에서 검은색이 된다. 대는 표면에 인편이 있다.

식용하지만 대는 단단하므로 잘라버리며, 데쳐서 얇게 썰어 먹거나 간장조림을 해 먹으면 좋다.

비늘버섯(p.136)이나 침비늘버섯(p.48)과 비슷하므로 주의한다.

 【발생 장소】 넓은잎나무 줄기

 【발생 시기】 여름~가을

 【구별 방법】 갓은 표면이 솜털모양의 인편으로 덮인다. 주름살은 연노란색으로, 나중에 적갈색에서 검은색이 된다.

 【먹는 방법】 간장조림 또는 숙회

자라면 갓이 거의 평평하다. 유균은 갓이 반구형이다.

주름살은 오래되면 적갈색에서 검은색이 된다.

갓 표면에 솜털 같은 인편이 있다.

대는 표면에 인편이 있고, 속이 차 있다.

연못이나 시냇물 부근의 나무에서 잘 볼 수 있다.

123 비늘버섯

별명 : —

 독성

독청버섯과
비늘버섯

 【발생 장소】 활엽수림이나 풀밭 위

 【발생 시기】 가을

 【구별 방법】 갓과 대는 황갈색이며, 솜털모양의 인편으로 덮여 있다. 점액은 없다.

 【먹는 방법】 독이 있으므로 식용하지 않는다.

체질에 따라 중독될 수 있다

갓과 대는 솜털 같은 갈색 인편으로 덮여 있다. 주름살은 오래되면 갈색으로 변한다.
체질에 따라 중독될 수 있으므로 먹지 않는다.

갓은 표면이 솜털 같은 인편으로 덮여 있다.

유균은 주름살이 막으로 덮인다. 대는 표면에 인편이 있다.

땅위에 속생하며, 많이 발생한다.

124 노란갓비늘버섯

별명 : —

 식용에 적합

독청버섯과
노란갓비늘버섯

 【발생 장소】 각종 숲속의 땅위나 오래된 나무 그루터기 등

 【발생 시기】 가을

 【구별 방법】 갓은 찐빵모양에서 평평하게 벌어지고, 가운데가 볼록한 것도 있다. 대에는 인편이 있다.

 【먹는 방법】 초간장조림 외에 국, 전골 등

흙냄새가 조금 강하다

갓은 황갈색으로 찐빵모양에서 평평하게 벌어지며, 점액이 있다. 가운데는 갈색으로 볼록한 것도 있다.
나도팽나무버섯(p.130)과 비슷한데, 흙냄새가 조금 강하고 야생의 맛과 향이 있다.

갓은 찐빵모양에서 평평하게 벌어진다.

주름살은 흰색. 대는 속이 차 있다.

독청버섯과
흰비늘버섯

별명 : —

125
흰비늘버섯

 식용에 적합

신선할 때 이용한다

갓은 어릴 때는 찐빵모양으로 자라면서 평평하게 벌어지고, 마지막에는 위로 젖혀진다. 주름살은 조금 성기고, 큰 주름살 사이에 작은 주름살이 있다. 대에는 작은 인편이 있으며, 오래되면 밑동부터 갈색으로 변한다. 특별한 맛과 향이 없으며, 국이나 볶음 등으로 좋다. 상처가 잘 나므로 신선할 때 이용한다.

 【발생 장소】 각종 숲속의 땅위나 오래된 나무 그루터기 등

 【발생 시기】 가을

 【구별 방법】 갓은 갈색을 띤 흰색이고, 가운데가 짙다. 주름살은 흰색이지만 나중에 옅은 갈색이 된다. 대에는 인편이 있다.

 【먹는 방법】 국, 전골, 볶음 등

어릴 때는 찐빵모양이며, 가장자리에 솜털 같은 인편이 있다.

갓은 자라면서 평평하게 벌어지고, 마침내 위로 젖혀진다.

솔방울에서도 발생한다.

갓은 갈색을 띤 흰색. 주름살은 성기고, 크고 작은 주름살이 있다.

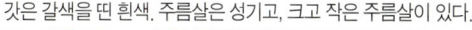

별명 : ―

무리우산
버섯

식용에 적합

독청버섯과
무리우산버섯

작지만 맛이 좋다

갓은 황갈색으로 방사상의 선이 있고, 습한 환경에서는 점액이 조금 나온다. 주름살은 옅은 갈색인데 곧 적갈색이 된다. 대에는 턱받이가 있고, 턱받이 아래에는 가는 인편이 붙어 있다. 노란다발(p.50)과 착각하지 않도록 한다.

하나하나가 작고, 일반적으로 채취하는 종류는 아니지만 맛있는 버섯이다.

 【발생 장소】 나무 그루터기나 마른 나무 등

 【발생 시기】 봄~가을

 【구별 방법】 갓은 황갈색이며 방사상의 선이 있다. 대에는 턱받이가 있고, 턱받이 아래에는 인편이 있다.

 【먹는 방법】 파스타나 볶음 등

건조하면 가운데부터 연노란색이 되고, 점액과 방사상의 선이 없어진다.

대에는 턱받이가 있고, 턱받이 아래에 가는 인편이 있다.

🍁 **독성** 비슷하므로 주의!

씹으면 쓴맛이 있다.

노란다발 (p.50)

갓은 찐빵모양으로 가운데가 조금 높아진다.

독청버섯과
독청버섯

어릴 때는 갓이 원뿔모양에서 찐빵모양이 된다. 표면은 녹색을 띤다.

주름살은 파란색을 띤 회색. 대에는 턱받이가 있고, 턱받이 아래에는 인편이 있다.

별명 : —

 식용에 부적합

독청버섯

[발생 장소] 각종 숲속의 땅위

[발생 시기] 여름 ~ 늦가을

[구별 방법] 어릴 때는 녹색을 띠고 점액이 있다. 나중에 노란색을 띤 회색이 된다.

[먹는 방법] 식용에 부적합하다.

어릴 때는 갓이 녹색

갓은 어릴 때 녹색을 띠는 것이 특징이다. 자라면 대에 막 같은 모양의 턱받이가 있다.

식용한다는 이야기도 있지만, 전에는 독버섯으로 취급되었으므로 식용하는 것은 삼간다.

독청버섯과
스트로파리아 아이루기노사
Stropharia aeruginosa

자라면 갓이 갈색. 대에는 턱받이가 있고, 턱받이 아래에 인편이 있다.

별명 : —

 독성 미확인

스트로파리아 아이루기노사

[발생 장소] 각종 숲속의 땅위

[발생 시기] 여름 ~ 늦가을

[구별 방법] 갓은 회갈색에서 갈색이 된다. 대에는 턱받이가 있고, 턱받이 아래에 인편이 있다.

[먹는 방법] 식용인지 독버섯인지 불분명하므로 식용하지 않는다.

독청버섯에 가까운 품종

독청버섯(위)에 가까운 품종이다. 갓은 어릴 때는 조금 회갈색이고, 자라면 갈색이 된다. 주름살은 옅은 회색이다. 대는 턱받이 아래에 인편이 있다. 식용인지 독버섯인지 불분명하다.

| 노랑끈적버섯 |  식용에 적합 |

끈적버섯과
노랑끈적버섯

 [발생 장소] 활엽수림 땅위

 [발생 시기] 가을

 [구별 방법] 밝은 황토색으로 찐빵모양에서 평평하게 벌어진다. 주름살은 옅은 갈색이며 빽빽. 대는 흰색으로 조금 휜다.

 [먹는 방법] 밥, 국, 무침, 조림, 볶음 등

아삭아삭하며 특색 없는 맛과 향

활엽수림 땅위에 10송이 정도가 속생하고, 줄지어 나오기도 한다.
갓은 찐빵모양에서 평평하게 벌어지고, 습한 환경에서는 점액이 있다.
주름살은 어릴 때는 흰색이며 거미집 같은 막에 싸여 있다. 자라면 막이 벗겨져 턱받이로 대에 남는다.
아삭아삭한 씹는 맛이 있고, 맛과 향은 특색이 없다.

 Cooking

흰살생선과 버섯 크림조림

어릴 때는 주름살이 거미집 같은 막에 싸여 있다. 자라면 막이 벗겨져 턱받이가 된다.

● **버섯이야기**
노랑끈적버섯은 특별한 맛이나 향이 없어서 다양한 요리에 이용할 수 있다. 대를 찢어서 우엉볶음처럼 볶거나 어패류와 함께 크림수프를 만들면 좋다. 버섯국이나 버섯밥 등 풍미를 살린 요리에도 잘 어울린다.

갓은 밝은 황토색으로 어릴 때는 찐빵모양이다.

자라면 갓은 거의 평평해진다.

주름살은 매우 빽빽하고, 어릴 때는 흰색. 대는 조금 굽은 모양.

습한 환경에서는 점액이 나온다.

마지막에는 갓이 위로 젖혀진다. 오래되면 주름살이 갈색을 띤다.

130 차양끈적버섯

별명 : -

식용에 부적합

끈적버섯과
차양끈적버섯

【발생 장소】활엽수림이나 각종 숲속의 땅위

【발생 시기】늦여름 ~ 가을

【구별 방법】갓은 황토색. 주름살은 옅은 갈색으로 나중에 적갈색이 된다. 대에는 주홍색 턱받이가 있다.

【먹는 방법】식용에 부적합하다.

일반적으로 식용에는 부적합하다

고원이나 참피나무숲에서 잘 볼 수 있다. 갓은 반구형이나 찐빵모양에서 거의 평평하게 벌어진다. 대에는 주홍색 턱받이가 달라붙듯이 남아 있다. 흙냄새가 나서 일반적으로 식용에 부적합하다.

갓은 황토색이며, 점액은 없다.

대는 밑동이 굵다. 표면에는 턱받이가 달라붙듯이 남는다.

숲속 땅위에 드문드문 발생한다.

---

131 코르티나리우스 볼라리스

별명 : -

독성

끈적버섯과   *Cortinarius bolaris*
코르티나리우스 볼라리스

【발생 장소】활엽수림 땅위

【발생 시기】가을

【구별 방법】갓에 적갈색 인편이 있고, 가운데가 붉은빛을 띤다. 손으로 만진 곳은 붉게 변한다.

【먹는 방법】독이 있으므로 식용하지 않는다.

갓 표면에 인편이 있다

갓 표면에는 적갈색 인편이 있다. 대에는 희미하게 턱받이가 남아 있다. 손으로 만진 곳은 암적색으로 변한다. 독이 있으므로 식용하지 않는다.

갓은 인편으로 덮이고, 가운데가 붉은빛을 띤다.

주름살은 유백색이고, 나중에는 옅은 갈색. 대에는 희미하게 턱받이가 남아 있다.

끈적버섯과
코르티나리우스 트리비알리스
Cortinarius trivialis

별명 : ―

 독성 미확인

132 코르티나리우스 트리비알리스

 【발생 장소】 활엽수림 땅위

 【발생 시기】 가을

 【구별 방법】 갓은 황토색으로 점액이 있다. 대는 자라면서 표면이 갈라지고 큰 인편이 생긴다.

【먹는 방법】 식용인지 독버섯인지 불분명하므로 식용하지 않는다.

갓은 황토색으로 점액이 있다

갓은 반구형에서 거의 평평하게 벌어지고, 점액이 있다.

대에도 점액이 있으며, 자라면서 표면이 갈라지고 큰 인편이 생긴다.

현재 식용인지 독버섯인지 불분명하다.

갓에는 점액이 있다. 대는 자라면서 표면이 얼룩모양이 된다.

대는 위아래가 거의 같은 굵기. 표면에는 큰 인편이 있다.

주름살은 푸른빛을 띤 흰색이며, 나중에는 거무스름한 황적색.

끈적버섯과
갈황색미치광이버섯

별명 : ―

 독성

133 갈황색 미치광이 버섯

 【발생 장소】 넓은잎나무나 바늘잎나무의 밑동, 마른나무

 【발생 시기】 여름~가을

 【구별 방법】 갓은 황금색에서 갈색이며, 가는 인편이 있다. 대는 굵고, 섬유질로 단단하다.

 【먹는 방법】 독이 있으므로 식용하지 않는다.

중독되므로 주의한다

갓은 지름이 때로는 15㎝ 이상 되며, 가는 인편으로 덮여 있다.

씹으면 쓴맛이 강하다. 말똥버섯(p.32)처럼 환각 등의 중독을 일으키므로 주의한다.

갓은 반구형에서 평평하게 벌어진다. 주름살은 황갈색을 띤 흰색. 대는 표면이 얼룩모양.

어릴 때는 곤봉처럼 밑동이 굵다.

별명 : ―

식용에 적합

끈적버섯과

코르티나리우스 네모렌시스

Cortinarius nemorensis

공기와 닿은 부분은 보라색으로 변한다

갓은 반구형, 찐빵모양을 거쳐 평평하게 벌어지고, 표면은 짙은 황토색이다. 크게 자라면 갓 지름이 15cm나 되지만, 대는 짧아서 약 5cm이다. 어릴 때는 주름살이 거미집 같은 막에 싸여 있다. 조직은 흰색인데, 공기와 닿은 부분은 밝은 보라색으로 변한다.

매년 같은 장소에 발생하므로 장소를 알아두면 좋다.

 【발생 장소】 활엽수림 땅위

 【발생 시기】 가을

 【구별 방법】 갓 표면은 짙은 황토색. 조직은 흰색인데, 공기와 닿은 부분은 밝은 보라색이 된다. 대는 약 5cm.

 【먹는 방법】 국, 볶음 등

갓 표면은 짙은 황토색. 조직은 흰색인데, 공기와 닿은 부분은 밝은 보라색.

어릴 때는 주름살이 거미집 같은 막에 싸여 있다. 대는 속이 차 있다.

유균은 반구형. 차츰 찐빵모양으로 벌어져서 나중에는 거의 평평해진다.

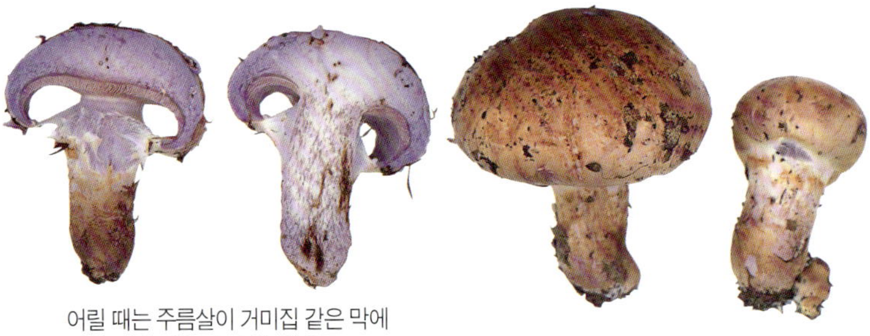

활엽수림 땅위에 발생한다.

끈적버섯과
가지색끈적버섯

별명 : 푸른끈적버섯아재비

135

가지색
끈적버섯

식용에 적합

오돌오돌 씹는 맛이 있다

갓은 조금 회색을 띤 갈색으로 찐빵모양에서 종모양으로 벌어지고, 곧 거의 평평해진다. 갓과 대에는 점액이 있다. 주름살은 어릴 때는 황토색이지만 오래되면 갈색을 띤다.

오돌오돌 씹히는 맛이 있으며, 다양한 요리에 이용할 수 있다. 대나 조직은 예쁜 보라색인데, 된장국에 넣으면 검은색이 된다.

 【발생 장소】 활엽수림이나 침엽수림 땅 위

 【발생 시기】 가을

 【구별 방법】 갓은 조금 회색을 띤 갈색. 대는 연보라색. 갓과 대에 모두 점액이 있다.

 【먹는 방법】 국, 무침, 구이, 볶음 등

대는 속이 차 있다. 조직은 연보라색.

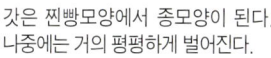
갓은 찐빵모양에서 종모양이 된다. 나중에는 거의 평평하게 벌어진다.

갓은 조금 회색을 띤 갈색. 대는 연보라색.

136 솔땀버섯

별명 : ―

 독성

끈적버섯과
솔땀버섯

중독 사례가 많으므로 주의

갓 지름이 약 5㎝로 비교적 크고 단단하다. 중독 사례가 많으므로 주의한다. 갓은 종모양에서 원뿔모양으로 벌어지고, 가운데는 색이 짙고 유두모양으로 나와 있다. 표면에는 비단 같은 광택이 있고, 벌어지면 방사상으로 잘 갈라진다. 대에는 섬유모양의 잔무늬가 있고, 속은 비어 있다.

 [발생 장소] 너도밤나무 숲속 땅위

 [발생 시기] 여름 ~ 가을

 [구별 방법] 갓은 유두모양으로 가운데가 튀어나오고, 비단 같은 광택이 있다. 대에 섬유모양의 잔무늬가 있다.

 [먹는 방법] 독이 있으므로 식용하지 않는다.

갓은 방사상으로 잘 갈라진다.
갓은 종모양에서 원뿔모양이 된다. 가운데는 색이 짙고 유두모양.

갓 표면에는 방사상으로 잔무늬가 있고, 비단 같은 광택이 있다.

갓은 자라면 평평하게 벌어지는데, 가운데가 튀어나온 모양.

주름살은 회갈색.

벚꽃버섯과
노란구름벚꽃버섯

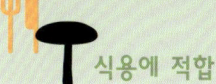 식용에 적합

많이 채취할 수 없지만 맛있는 버섯

갓은 찐빵모양에서 평평하게 벌어지고, 습한 환경에서는 점액이 조금 나온다. 대는 갓보다 조금 옅은 회색이며, 섬유모양의 잔무늬가 있다. 주름살은 흰색으로 성기며, 큰 주름살 사이에 작은 주름살이 있다.

많이 채취할 수 있는 버섯은 아니지만, 맛과 향이 고급스러운 맛있는 버섯이다.

갓이 잘 부서지므로 수확할 때 조심스럽게 다룬다.

 【발생 장소】 너도밤나무, 물참나무, 소나무가 있는 잡목림 땅위

 【발생 시기】 늦여름 ~ 가을

 【구별 방법】 갓은 짙은 회색으로 부서지기 쉽다. 주름살은 흰색이며 성기다. 대에는 섬유모양의 무늬가 있다.

 【먹는 방법】 국, 무침, 볶음 등

갓은 부서지기 쉬우므로 조심스럽게 다룬다. 오래되면 위로 젖혀진다.

갓은 짙은 회색. 주름살은 흰색이고 성기다.

대는 갓보다 옅은 회색이며, 표면에 섬유모양의 잔무늬가 있다.

별명 : ―

다색벚꽃버섯  식용에 적합

벚꽃버섯과
다색벚꽃버섯

 [발생 장소] 잡목림 땅 위

 [발생 시기] 가을

 [구별 방법] 갓은 자줏빛을 띤 분홍색. 주름살은 흰색인데, 갓과 같은 색 점이 생기는 것이 많다.

 [먹는 방법] 국, 볶음 등

쓴맛은 있지만 수확량이 많아서 인기

갓은 자줏빛을 띤 분홍색이며, 습한 환경에서는 점액이 나온다. 주름살은 빽빽하고, 처음에는 흰색이지만 차츰 적자색 얼룩이 생긴다.
숲속에 줄지어 발생하는 것이 많고, 때로는 크게 원을 그리듯이 발생하기도 한다.
대량 채취가 가능하므로 채취하는 버섯으로 인기 있다.
쓴맛이 있으므로 데쳐서 물은 버리고 조리한다.

숲속에 줄지어 발생하는 것이 많다.

갓은 자줏빛을 띤 분홍색.
대는 처음에 흰색이다.

자라면 대에 갓과 같은 색으로 섬유모양의 잔무늬가 생긴다.

주름살은 처음에는 흰색인데 차츰 적자색 얼룩이 생긴다.

습한 환경에서는 점액이 나온다.

갓은 찐빵모양에서 평평하게 벌어진다.

별명 : 젖버섯

배젖버섯  식용에 적합

무당버섯과
배젖버섯

상처가 나면 흰색 유액이 나온다

갓은 가운데가 오목한 찐빵모양으로 자라면 조금 깔때기모양이 된다. 표면은 벨벳 같은 감촉이고 적갈색이다. 대는 갓보다 조금 옅은 색이며, 속이 차 있다.

육질이 질기고, 씹으면 퍼석퍼석한 느낌이다. 감칠맛 나는 국물이 나오므로 닭고기나 돼지고기와 함께 볶다가 맛국물을 넣고 간을 하여 우동 국물로 이용하면 맛이 최고이다.

 [발생 장소] 혼합림 땅위

 [발생 시기] 여름~가을

 [구별 방법] 갓은 적갈색. 대는 갓보다 조금 옅은 색. 상처가 나면 흰색 유액이 많이 나온다.

 [먹는 방법] 국, 조림, 볶음 등

갓 표면은 적갈색으로 벨벳모양.

대는 갓보다 조금 옅은 색. 속은 스펀지모양으로 잘 부러진다.

Cooking

버섯마리네

주름살은 빽빽하고, 자라면 대에 조금 내려 붙는다.

갓은 가운데가 오목한 찐빵모양이고, 자라면 조금 깔때기모양.

노란색을 띠는 것도 있다.

상처가 나면 점성이 있는 흰색 유액이 나온다.

140 애기젖버섯

별명 : —

식용에 부적합

무당버섯과
애기젖버섯

 【발생 장소】 활엽수림 땅위

 【발생 시기】 가을

 【구별 방법】 갓과 대는 회색에서 흑갈색. 상처 부분에서는 쌀뜨물 같은 액이 나온다.

 【먹는 방법】 식용에 부적합하다.

갓과 대는 회색에서 흑갈색

갓은 가운데가 볼록한 찐빵모양에서 벌어져 위로 젖혀진다. 주름살은 성기고, 유백색이다. 상처가 나면 쌀뜨물 같은 액이 나온다.

식용에 부적합하다.

갓은 회색에서 흑갈색.

자라면 갓이 위로 젖혀진다. 주름살은 성기고, 상처에서 쌀뜨물 같은 액이 나온다.

어릴 때는 갓 가운데가 볼록한 찐빵모양. 대는 속이 비어 있다.

141 보라변색젖버섯

별명 : —

식용에 부적합

무당버섯과
보라변색젖버섯

 【발생 장소】 활엽수림 땅위

 【발생 시기】 가을

 【구별 방법】 갓은 자라면 가운데가 오목하다. 상처 부분은 보라색으로 변한다.

 【먹는 방법】 식용에 부적합하다.

공기와 닿으면 보라색이 된다

옅은 황토색이다. 상처 부분에서는 쌀뜨물 같은 액이 나와 연보라색으로 변한다. 습한 환경에서는 점액이 많이 나온다. 쓴맛이 있어 식용에 부적합하다.

갓은 찐빵모양에서 평평하게 벌어지고, 곧 가운데가 오목해진다.

전체가 옅은 황토색에서 옅은 갈색이다.

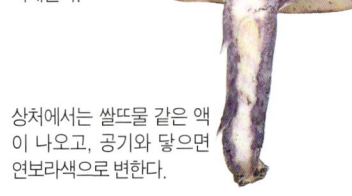

상처에서는 쌀뜨물 같은 액이 나오고, 공기와 닿으면 연보라색으로 변한다.

무당버섯과
루슐라 비리디루브롤림바타
Russula viridirubrolimbata

갓 표면은 암적색으로 불규칙하게 갈라진다.

별명 : —

 식용에 부적합

142 루슐라 비리디루브롤림바타

 【발생 장소】너도밤나무과숲 땅위

 【발생 시기】여름~가을

【구별 방법】갓은 암적색으로 가운데가 짙고, 불규칙하게 갈라진다. 대는 흰색이고 단단하다.

 【먹는 방법】식용에 부적합하다.

갓 표면이 불규칙하게 갈라진다

갓은 가운데가 조금 오목한 찐빵모양에서 벌어져 위로 젖혀지듯이 된다. 표면은 가장자리가 불규칙하게 갈라진다. 주름살은 흰색으로 조금 빽빽하고, 대도 흰색으로 단단하다.
식용에 부적합하다.

무당버섯과
애기털젖버섯

갓은 습한 환경에서는 갈색이 짙어진다.

별명 : —

식용에 부적합

143 애기털젖버섯

 【발생 장소】넓은잎나무의 낙엽이 쌓인 위

 【발생 시기】초여름

 【구별 방법】갓은 회갈색, 주름살은 옅은 황토색. 대는 적갈색으로 밑동에 거친 털이 있다.

 【먹는 방법】식용에 부적합하다.

자라면 갓 가운데가 오목하다

활엽수림의 낙엽이 쌓인 곳에서 볼 수 있다.
갓은 회갈색으로 자라면 가운데가 오목하다. 주름살은 빽빽하고 옅은 황토색이다. 대는 적갈색이며 밑동에 거친 털이 있다. 식용에 부적합하다.

144 별명 : 무당버섯

냄새무당버섯  독성

무당버섯과
냄새무당버섯

붉은색으로 귀엽지만 독이 있으므로 주의

갓은 선명한 빨간색이며, 찐빵모양에서 평평하게 벌어져 곧 위로 젖혀진다. 갓은 껍질이 잘 벗겨지는 것이 특징이다. 습한 환경에서는 갓에 점액이 나온다. 주름살은 빽빽하고 흰색. 대는 흰색으로 밑동이 조금 굵다.

독이 있으므로 먹지 않지만, 숲속에서 원을 그리듯이 나온 모양은 귀엽고 사람들의 눈을 즐겁게 한다.

 【발생 장소】 각종 숲속의 땅위

 【발생 시기】 여름 ~ 가을

 【구별 방법】 갓은 어릴 때는 선명한 빨간색이고 오래되면 퇴색한다. 표면의 껍질이 잘 벗겨진다. 주름살과 대는 흰색.

 【먹는 방법】 독이 있으므로 식용하지 않는다.

조직은 흰색이며 부드럽다. 대는 속에 작은 구멍이 있는 스펀지모양.

●버섯이야기
버섯은 원을 그리듯이 자라기도 한다. 이 원을 유럽에서는 「페어리링(fairyring＝균륜, 요정의 고리라고도 한다)」이라고 한다.
이 원 안에 들어가면 요정 세계에서 두 번 다시 돌아올 수 없다는 이야기가 전해져 온다. 버섯을 채취하다가 균륜(페어리링)을 보면 원 안으로 들어가지 않도록 조심한다.

갓은 선명한 빨간색.

숲속에 떨어진 가지나 잎 사이에서 발생한다.

갓은 어릴 때는 찐빵모양. 표면의 껍질이 잘 벗겨지는 것이 특징.

자라면 갓이 위로 젖혀지고 색도 퇴색한다.

원을 그리며 발생한 냄새무당버섯의 균륜(페어리링).

145 청머루무당버섯

별명 : —

 식용에 부적합

무당버섯과
청머루무당버섯

매운맛이 있어 식용에는 부적합

자주 볼 수 있는 버섯이다. 갓은 가운데가 오목한 찐빵모양에서 평평하게 벌어져 곧 위로 젖혀진다. 색은 변화가 많다. 습한 환경에서는 갓에 점액이 나온다.

매운맛이 있는 것도 있고, 씹는 맛이 좋지 않아 일반적으로 식용에는 부적합하다. 또 비슷한 종류가 많고, 그 중에는 독이 있는 것도 있다. 구별하기 어려우므로 먹지 않는다.

 【발생 장소】 각종 숲속의 땅위

 【발생 시기】 여름~가을

 【구별 방법】 갓 표면이 매끄럽고, 색은 보라색, 옅은 빨간색, 옅은 녹색 등 다양하다.

 【먹는 방법】 식용에 부적합하다.

갓은 가운데가 오목한 찐빵모양. 색은 변화가 많다.

대는 흰색이고, 속에 작은 구멍이 있는 스펀지모양.

갓 표면은 매끄럽다. 습한 환경에서는 점액이 나온다.

옅은 빨간색을 띤 타입.

녹색을 띤 타입. 갓은 나중에 위로 젖혀진다.

146 깔때기무당버섯

별명 : 애기깔때기버섯

 독성

무당버섯과
깔때기무당버섯

 [발생 장소] 각종 숲속의 땅위

 [발생 시기] 여름 ~ 가을

 [구별 방법] 갓은 황토색으로 가장자리에 방사상의 홈선이 있다. 벌어지면 가운데가 오목하다. 안 좋은 냄새가 난다.

 [먹는 방법] 독이 있으므로 식용하지 않는다.

안 좋은 냄새가 나고 독이 있다는 말도 있다

갓은 찐빵모양에서 평평하게 벌어진다. 방사상의 홈선이 있고, 오래되면 가장자리가 잘 갈라진다. 안 좋은 냄새가 나고, 씹으면 매운맛이 있다. 독이 있다는 말이 있으므로 식용하지 않는다.

갓은 벌어지면 가운데가 오목하고, 방사상의 홈선이 있다.

대는 흰색으로 속이 비어 있다. 조직은 흰색.

습한 환경에서는 점액이 나온다. 오래되면 가장자리가 갈라지기 쉽다.

147 흙무당버섯

별명 : ─

 독성

무당버섯과
흙무당버섯

 [발생 장소] 각종 숲속의 땅위

 [발생 시기] 여름 ~ 가을

 [구별 방법] 갓 표면에 주름이 있고, 가장자리에는 방사상의 홈선이 있다. 대에 작은 흑갈색 점이 있다.

 [먹는 방법] 독이 있으므로 식용하지 않는다.

대가 황토색으로 흑갈색 점이 있다

깔때기무당버섯(위)과 비슷하다. 다른 점은 갓 표면에 주름이 있고, 대가 황토색으로 표면에 작은 흑갈색 점이 있는 것이다.
독이 있으므로 먹지 않는다.

갓은 찐빵모양에서 평평하게 벌어져 위로 젖혀진다.

주름살은 옅은 갈색. 대는 표면에 작은 점이 있고, 속이 비어 있다.

갓은 표면에 주름이 있고, 가장자리에는 방사상의 홈선이 있다.

무당버섯과
절구버섯

갓은 찐빵모양에서 벌어져 위로 젖혀진다.

상처 부분은 빨간색이 되었다가 곧 검은색으로 변한다.

별명 : —

 독성

148 절구버섯

 【발생 장소】 잡목림이나 전나무숲의 땅위

 【발생 시기】 여름~가을

 【구별 방법】 상처 부분은 조직이 점점 붉어지고, 곧 검게 변한다. 갓은 가운데가 조금 오목하다.

 【먹는 방법】 독이 있으므로 식용하지 않는다.

상처가 나면 조직이 빨간색에서 검은색으로 변한다

갓은 회색에서 흑갈색으로 가운데가 조금 오목하다. 상처 부분은 빨갛게 되었다가 곧 검은색으로 변한다. 대는 단단하지만 잘 부러지고, 주름살은 오래되면 검은색으로 변한다.

무당버섯과
절구버섯아재비

갓은 찐빵모양에서 평평하게 벌어져 위로 젖혀진다.

상처 부분은 빨간색으로 변한다.

주름살은 옅은 갈색이며 성기다. 어릴 때는 물결모양처럼 되기도 한다.

별명 : —

 독성

149 절구버섯 아재비

 【발생 장소】 모밀잣밤나무나 떡갈나무, 소나무숲 등의 땅위

【발생 시기】 여름~가을

 【구별 방법】 상처 부분은 빨간색으로 변한다. 갓은 회색에서 흑갈색. 주름살은 옅은 갈색이며 성기다.

 【먹는 방법】 독이 있으므로 식용하지 않는다.

사망 사례도 있는 맹독성 버섯

절구버섯(위)과 비슷하다. 절구버섯아재비는 상처 부분이 빨갛게 변하는데, 검은색이 되지는 않는다.
사망 사례도 있는 맹독성 버섯이므로 조심한다.

150 푸른주름무당버섯

별명 : ―

 식용에 부적합

무당버섯과
푸른주름무당버섯

 【발생 장소】 각종 숲속의 땅위

 【발생 시기】 여름～가을

 【구별 방법】 갓이 자라면 20㎝ 이상 되고, 깔때기모양이 된다. 전체가 흰색이지만 오래되면 조금 갈색을 띤다.

 【먹는 방법】 식용에 부적합하다.

비슷한 버섯이 많다
갓이 20㎝ 이상 되는 큰 버섯이다. 이 종류에는 비슷한 버섯이 많고, 그 중에는 독이 있는 것도 있다. 구별하기 어려우므로 식용하지 않는다.

자라면 갓이 20㎝ 이상 되는 것도 있다.

대는 짧고 굵다. 위쪽이 파란색을 띠지만 알아보기 힘들다. 속은 차 있다.

151 새털젖버섯

별명 : ―

독성

무당버섯과
새털젖버섯

 【발생 장소】 너도밤나무나 참나무, 소나무숲 땅위

 【발생 시기】 여름～가을

 【구별 방법】 갓 표면이 벨벳모양. 조직이 두껍고, 상처 부분은 노란색을 띤다. 주름살이 성기다.

 【먹는 방법】 식용에 부적합하다.

갓 표면이 잔털로 덮여 벨벳 감촉
갓 지름이 30㎝ 이상 되는 매우 큰 버섯이다. 표면이 흰색이고, 잔털로 덮여 있어 벨벳 같은 감촉이다.
상처가 나면 매운 유액이 나오고, 독성분도 확인되었다.

갓과 대는 흰색. 때로는 지름이 30㎝ 이상 되기도 한다.

주름살은 유백색. 상처가 나면 매운 유액이 나온다.

무당버섯과
굴털이

자라면 갓이 깔때기모양이 되고, 황토색 반점이 생긴다.

주름살은 유백색으로 매우 빽빽하다.

별명 : —

독성

152
굴털이

 【발생 장소】 너도밤나무나 참나무, 소나무숲 땅위

 【발생 시기】 여름~가을

 【구별 방법】 갓은 자라면 깔때기모양이 되고, 황토색 반점이 생긴다. 주름살은 매우 빽빽하다.

 【먹는 방법】 독이 있으므로 식용하지 않는다.

상처가 나면 매운 유액이 나온다
조금 상처를 내면 유액이 많이 나온다. 이 액체는 매우 맵고, 독성분도 확인되었다.
새털젖버섯(p.160)과 비슷한데, 주름살이 빽빽한 점이 다르다.

무당버섯과
굴털이아재비

갓은 찐빵모양에서 평평하게 벌어지고, 나중에는 깔때기모양이 된다.

별명 : 우유젖버섯

식용에 부적합

153
굴털이 아재비

 【발생 장소】 활엽수림 땅위

 【발생 시기】 여름~가을

 【구별 방법】 자라면 갓 표면이 마르고, 황토색 반점이 생긴다. 상처 부분은 연노란색을 띤다.

 【먹는 방법】 식용에 부적합하다.

유액이 매우 맵다
갓과 대는 흰색. 주름살은 성기고, 유백색이지만 자라면 조금 갈색을 띤다. 상처 부분에서는 흰색의 매우 매운 유액이 나온다. 비슷한 버섯이 많고, 그 중에 독이 있는 것도 있으므로 먹지 않는다.

별명 : 청버섯, 청갈버섯

기와버섯  식용에 적합

무당버섯과
기와버섯

씹는 맛은 좋지 않지만 맛과 향은 좋다

갓은 찐빵모양인데 자라면 평평하게 벌어진다. 표면은 거무스름한 녹색으로 불규칙하게 갈라진다. 주름살은 조금 빽빽하며 흰색. 대는 흰색으로 밑동이 가늘고, 속은 차 있다.

퍼석퍼석해서 씹는 맛은 좋지 않지만, 맛과 향은 좋은 버섯이다.

어린 버섯은 양송이처럼 이용하고, 갓이 핀 것은 잘게 썰어 소스에 넣으면 좋다.

 【발생 장소】 물참나무나 자작나무숲 땅위

 【발생 시기】 여름~가을

 【구별 방법】 갓은 거무스름한 녹색으로 불규칙하게 갈라진다. 자라면 가장자리에 홈선이 생긴다.

 【먹는 방법】 푹 끓이는 요리나 소스 등

어릴 때는 갓이 찐빵모양. 표면이 불규칙하게 갈라진다.

대는 속이 차 있다. 조직은 흰색이고 부드럽다.

갓은 거무스름한 녹색. 표면에 광택이 없다.

오래되면 갓이 위로 젖혀지고, 가장자리에 방사상의 홈선이 생긴다.

대는 흰색. 표면에 섬유모양의 주름이 있고, 밑동은 가늘다.

무당버섯과
황금무당버섯

별명 : —

 식용에 적합

색이 선명하고, 맛과 향이 좋다

색이 선명하며, 때로는 줄지어 발생한다. 갓은 찐빵모양에서 가운데가 오목하고 평평하게 벌어져 위로 젖혀진다. 표면의 껍질이 잘 벗겨지고, 습한 환경에서는 점액이 나온다.

벌레가 잘 생겨서 상처가 잘 나지만, 맛과 향이나 색이 좋아 생크림 소스 등에 넣으면 좋다.

 [발생 장소] 너도밤나무나 물참나무, 적송, 졸참나무숲의 땅위

 [발생 시기] 여름 ~ 가을

 [구별 방법] 갓은 선명한 노란색을 띤 빨간색. 주름살은 옅은 노란색이고, 가장자리는 노란색. 대는 옅은 노란색.

 [먹는 방법] 생크림 소스 등

어릴 때는 갓이 찐빵모양이고, 가운데가 오목해져서 나중에는 위로 젖혀진다.

갓은 노란색을 띤 빨간색. 주름살은 조금 성기다.

광대버섯과
우산버섯

갓에는 홈선이 있고, 자라면 가장자리가 갈라지기 쉽다.

대는 흰색에서 옅은 회색. 밑동에는 대주머니가 있다.

별명 : –

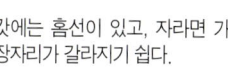 식용에 부적합

156 우산버섯

- 【발생 장소】 잡목림이나 침엽수림 땅위
- 【발생 시기】 여름 ~ 가을
- 【구별 방법】 갓은 회색에서 회갈색. 갓은 반구형에서 거의 평평하게 벌어진다. 방사상의 홈선이 있다.
- 【먹는 방법】 식용에 부적합하다.

갓은 회색이고, 방사상의 홈선이 있다

갓은 회색에서 회갈색이고, 방사상의 홈선이 있다. 주름살과 대는 흰색에서 옅은 회색. 밑동에는 대주머니가 있다. 비슷한 버섯이 많아서 구별하기 어렵다.

광대버섯과
아마니타 하마다이 *Amanita hamadae*

갓은 가운데가 높고, 색도 짙다.

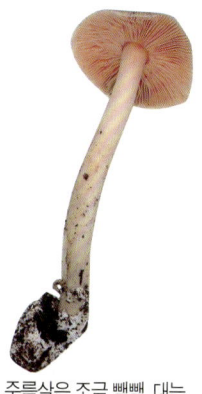

주름살은 조금 빽빽. 대는 길고, 속은 비어 있다.

별명 : –

 독성 미확인

157 아마니타 하마다이

- 【발생 장소】 각종 숲속의 땅위
- 【발생 시기】 여름 ~ 가을
- 【구별 방법】 갓은 옅은 갈색으로 가운데가 짙고, 가장자리에는 홈선이 있다. 밑동에는 대주머니가 있다.
- 【먹는 방법】 식용인지 독버섯인지 불분명하므로 식용하지 않는다.

갓은 가운데가 높고 찐빵모양

비교적 조금 발생하는 버섯이다. 갓은 옅은 갈색이다. 어릴 때는 종모양이며, 차츰 가운데가 높은 찐빵모양으로 벌어지고 나중에는 평평해진다.

158 고동색우산버섯

별명 : —

독성

광대버섯과
고동색우산버섯

독성분이 확인되었으므로 먹지 않는다

갓은 밝은 갈색이고, 가장자리에는 방사상의 홈선이 있다. 자라면 대가 길어서 기다란 학의 목을 연상시킨다. 밑동에는 깊은 대주머니가 있다.
광대버섯과 중에서 먹을 수 있는 얼마 안 되는 버섯 중 하나로 알려져 왔는데, 최근에 독성분이 확인되었으므로 먹지 않도록 한다.

【발생 장소】 각종 숲속의 땅위

【발생 시기】 여름~가을

【구별 방법】 갓은 밝은 갈색이고, 가장자리에는 방사상의 홈선이 있다. 대는 밑동에 깊은 대주머니가 있다.

【먹는 방법】 독이 있으므로 식용하지 않는다.

식용에 부적합

갓이 회색에서 회갈색. 주름살과 대는 흰색.

우산버섯 (p.165)

비슷하므로 주의!

유균은 종모양. 도토리보다 조금 크다.

주머니모양의 대주머니를 찢고 나온다.

자라면 평평하게 벌어져 나중에는 위로 젖혀진다.

갓은 밝은 갈색. 가장자리에는 방사상의 홈선이 있다.

광대버섯과
애우산광대버섯

갓이 회색 가루를 뒤집어쓴 것처럼 보인다.

자라면 위로 젖혀지고, 가장자리는 잘 갈라진다.

별명 : ―

 독성

159
애우산
광대버섯

 【발생 장소】 졸참나무, 너도밤나무, 적송 등의 나무 밑

【발생 시기】 여름~가을

 【구별 방법】 갓 표면이 회색 가루로 덮여 있다. 밑동이 불룩하고, 갓처럼 회색 가루로 덮여 있다.

【먹는 방법】 독이 있으므로 식용하지 않는다.

갓 표면이 회색 가루로 덮여 있다

갓 표면이 회색 가루로 덮여 있는 것이 특징이다. 갓은 찐빵모양에서 평평하게 벌어지고, 방사상의 홈선이 있다. 밑동은 불룩하고, 갓처럼 가루로 덮여 있다.

광대버섯과
큰주머니광대버섯

어릴 때는 갓이 종모양. 주름살은 흰색.

유균은 대주머니에 싸여 있다.

대주머니를 뚫고 나와 자란다.

조직은 흰색. 상처 부분은 금방 팥색을 띤다.

별명 : ―

 독성

160
큰주머니
광대버섯

 【발생 장소】 각종 숲속의 땅위

【발생 시기】 여름~가을

 【구별 방법】 갓에는 홍갈색 인편이 있다. 상처 부분은 금방 팥색을 띤다.

 【먹는 방법】 독이 있으므로 식용하지 않는다.

맹독성 버섯이므로 손대지 않는다

갓은 종모양에서 거의 평평하게 벌어지고, 표면에는 옅은 홍갈색 인편이 있다. 주름살은 처음에는 흰색이고, 나중에는 옅은 홍갈색이다. 상처 부분은 금방 팥색으로 변한다.

별명 : 제왕버섯

달걀버섯  식용에 적합

광대버섯과
달걀버섯

화려한 버섯인데 매우 맛있다

갓은 빨간색이며, 가장자리에 방사상의 홈선이 있다. 주름살은 노란색이고, 대는 노란색으로 얼룩무늬가 있으며, 턱받이가 있다. 밑동에는 주머니 모양의 큰 대주머니가 있다.

색이 화려하지만 먹을 수 있는 맛있는 버섯이다. 숯불구이나 튀김, 국 등으로 요리하면 감칠맛을 살릴 수 있다.

갓의 빨간색은 국을 끓이면 색이 빠져서 국이 노랗게 된다.

 [발생 장소] 각종 숲속의 땅위

 [발생 시기] 여름 ~ 가을

 [구별 방법] 갓은 빨간색으로 가장자리에 방사상의 홈선이 있다. 밑동에는 큰 대주머니, 대에는 턱받이가 있다.

 [먹는 방법] 포타주 등의 국, 구이, 튀김 등

숲속 땅위에 드문드문 발생한다.

어릴 때는 선명한 빨간색, 자라면 노란색.

Cooking

달걀버섯 숯불구이

대주머니에 싸인 유균 속.

조직은 흰색. 대는 속이 비어 있다.

🍂 **독성** 비슷하므로 주의!

갓에 흰색 돌기가 있고, 대가 흰색이다.

광대버섯 (p.296)

흰색 대주머니를 뚫고 나온다.

갓 가장자리에 방사상의 홈선이 있다.

대는 얼룩무늬이며, 막 같은 모양의 턱받이가 남아 있다.

169

162 알광대버섯아재비

별명 : 개나리광대버섯

독성

광대버섯과

- 【발생 장소】각종 숲속의 땅위
- 【발생 시기】여름~가을
- 【구별 방법】표면은 거무스름한 노란색. 대에는 작은 인편이 있고, 흰색 턱받이와 대주머니가 있다. 주름살은 흰색.
- 【먹는 방법】독이 있으므로 식용하지 않는다.

사망 사례도 있는 맹독성 버섯

갓은 거무스름한 노란색이다. 대는 표면에 작은 인편이 있다. 대에는 막 같은 턱받이가 있고, 밑동에는 주머니모양의 대주머니가 있다. 사망 사례도 있으므로 주의한다.

갓은 거무스름한 노란색. 밑동에는 주머니모양의 대주머니가 있다.

주름살과 턱받이는 흰색. 대는 표면에 인편이 있다.

주름살은 막에 싸여 있다. 자라면 막은 벗겨져 턱받이가 된다.

---

163 긴골광대버섯아재비

별명 : ―

독성

광대버섯과

- 【발생 장소】활엽수림 땅위
- 【발생 시기】여름~가을
- 【구별 방법】갓은 회갈색이며, 가장자리에 방사상의 홈선이 있다. 주름살은 조금 분홍색을 띤다.
- 【먹는 방법】독이 있으므로 식용하지 않는다.

자주 볼 수 없지만 맹독성이므로 주의

갓은 회갈색으로 가장자리에 방사상의 홈선이 있다. 주름살은 약간 분홍색. 대는 흰색으로 턱받이가 있고, 밑동에는 주머니모양의 대주머니가 있다. 맹독성 버섯으로 취급된다.

갓은 자라면 평평하게 벌어진다. 표면의 껍질이 잘 벗겨지는 것이 특징.

광대버섯과
알광대버섯

별명 : —

 독성

알광대버섯

세계적으로 유명한 독버섯
먹으면 며칠씩 괴로워하다 반드시 사망한다는 세계적으로 유명한 독버섯이다.

갓은 올리브색으로, 어릴 때는 찐빵모양이고 자라면 평평하게 벌어진다. 대는 흰색으로 표면에 인편이 있고, 막과 같은 흰색 턱받이가 있다. 밑동에는 주머니모양의 큰 대주머니가 있다.

 【발생 장소】 너도밤나무나 참나무숲 땅 위

 【발생 시기】 여름 ~ 가을

 【구별 방법】 갓은 올리브색. 대에 큰 턱받이가 있고, 밑동에 주머니모양의 대주머니가 있다.

 【먹는 방법】 독이 있으므로 식용하지 않는다.

밑동에 주머니모양의 큰 대주머니가 있다.

유균의 갓은 유백색. 흰색 대주머니를 뚫고 나온다.

대는 흰색이고, 표면에 인편이 있다. 위에 턱받이가 있다.

갓은 찐빵모양에서 거의 평평하게 벌어진다.

165 애광대버섯

별명 : —

 독성

광대버섯과
애광대버섯

 【발생 장소】 활엽수림 땅위

 【발생 시기】 여름 ~ 가을

 【구별 방법】 갓은 옅은 노란색. 반구형에서 평평하게 벌어진다. 턱받이와 대주머니가 있다.

 【먹는 방법】 독이 있으므로 식용하지 않는다.

갓 표면이 매끄러운 예쁜 버섯

갓이 옅은 노란색이며 비단 같은 광택이 있는 예쁜 버섯이지만 독이 있다. 갓은 반구형에서 평평하게 벌어진다. 대에는 막 같은 모양의 턱받이가 있고, 밑동에는 대주머니가 있다.

전체가 유백색. 대에는 막과 같은 턱받이가 있다.

밑동에 주머니 모양의 대주머니가 있다.

갈색 반점이 생기기도 한다.

---

166 암회색광대버섯

별명 : —

 독성

광대버섯과
암회색광대버섯

 【발생 장소】 활엽수림이나 침엽수림 땅위

 【발생 시기】 여름 ~ 가을

 【구별 방법】 갓은 회갈색으로, 종모양에서 평평하게 벌어진다. 턱받이 아래쪽에는 섬유모양의 무늬가 있다.

 【먹는 방법】 독이 있으므로 식용하지 않는다.

턱받이 아래쪽 대에는 섬유모양의 무늬가 있다

갓은 어릴 때는 종모양이고 나중에 거의 평평하게 벌어진다. 대에는 턱받이가 있으며, 턱받이 위는 흰색이고, 아래에는 섬유모양의 무늬가 있다. 밑동에는 대주머니가 있다. 독버섯이다.

대는 속이 비어 있다. 조직은 흰색. 밑동에는 대주머니가 있다.

대에는 턱받이가 있으며, 그 위는 흰색이고, 아래에는 섬유모양의 무늬가 있다.

갓은 회갈색. 자라면 거의 평평하게 벌어진다.

광대버섯과
암회색광대버섯아재비

별명 : -

 독성

167
암회색
광대버섯
아재비

 【발생 장소】 모밀잣밤나무나 떡갈나무, 참나무, 소나무 등의 숲속 땅위

【발생 시기】 여름~가을

 【구별 방법】 갓은 회갈색이고, 대는 흰색. 막 같은 턱받이가 있고, 밑동에는 주머니모양의 대주머니가 있다.

【먹는 방법】 독이 있으므로 식용하지 않는다.

갓은 짙은 회갈색. 대에 턱받이가 있고, 밑동에는 대주머니가 있다.

갓은 반구형에서 평평하게 벌어지고, 나중에는 위로 젖혀진다.

먹고 몇 분 후 중독 증상이 나타난다

잘못 알고 먹으면 몇 분 후에 중독 증상이 나타나는 독버섯이다.

갓은 반구형에서 평평하게 벌어지고, 나중에는 위로 젖혀진다. 주름살은 흰색이며 빽빽하다. 대에는 턱받이와 대주머니가 있다.

광대버섯과
노란대광대버섯

별명 : -

 독성

168
노란대
광대버섯

 【발생 장소】 너도밤나무나 물참나무, 바늘잎나무 등의 숲속 땅위

 【발생 시기】 여름~가을

 【구별 방법】 갓 표면은 황토색으로 노란색 돌기가 있다. 대에는 노란색 턱받이가 있다.

 【먹는 방법】 독이 있으므로 식용하지 않는다.

어릴 때는 갓이 반구형. 표면에 노란색 돌기가 있다.

대는 엷은 황토색이며, 위에 노란색 턱받이가 있다. 속은 비어 있다.

자라면 거의 평평하게 벌어지고, 돌기는 적어진다.

갓 표면에 노란색 돌기가 있다

갓은 밝은 황토색이며, 표면에 노란색 돌기가 있다. 주름살은 흰색에서 옅은 노란색. 대는 옅은 황토색으로 노란색 턱받이가 있고, 밑동은 알뿌리처럼 불룩하다.

독이 있는 버섯이다.

169 아마니타 코케리

별명 : 코커광대버섯

독성

광대버섯과
아마니타 코케리 *Amanita cokeri*

독이 있으므로 식용하지 않는다

전체적으로 흰색인데, 오래되면 옅은 갈색 반점이 생긴다.
갓은 표면에 돌기가 많다. 대는 곤봉처럼 밑동이 굵고, 큰 인편이 있다. 주름살은 어릴 때는 막에 싸여 있다. 자라면 막이 벗겨져서 턱받이로 대에 남는다.
독이 있다고 알려져 있으므로 식용하지 않는다.

 [발생 장소] 활엽수림이나 침엽수림 땅 위

 [발생 시기] 여름~가을

 [구별 방법] 전체적으로 흰색이고, 갓 표면에 돌기가 있으며, 대는 표면에 큰 인편이 있다.

 [먹는 방법] 독이 있으므로 식용하지 않는다.

오래되면 옅은 갈색 반점이 생긴다.

대는 곤봉모양으로 밑동이 굵다. 속은 차 있다.

갓은 반구형에서 평평하게 벌어진다. 주름살은 흰색인데, 자라면 갈색을 띤다.

대는 표면에 큰 인편이 있다.

광대버섯과
비탈광대버섯

별명 : 양파광대버섯

 독성

비탈광대버섯

밑동이 알뿌리처럼 크고 불룩하다

전형적인 마귀광대버섯(p.256) 종류이며, 물론 독이 있다. 전체가 흰색. 갓은 반구형에서 평평하게 벌어지고, 표면에는 돌기가 많다. 대는 표면에 부드러운 인편이 있고, 속은 비어 있다. 대에는 막 같은 모양의 큰 턱받이가 있고, 밑동이 알뿌리모양으로 불룩하다.

 【발생 장소】 너도밤나무나 물참나무, 적송 등의 숲속 땅위

 【발생 시기】 여름 ~ 가을

 【구별 방법】 갓 표면에 돌기가 있다. 대에는 턱받이가 있고, 밑동이 알뿌리처럼 불룩하다.

 【먹는 방법】 독이 있으므로 식용하지 않는다.

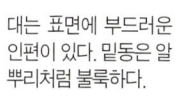

대는 표면에 부드러운 인편이 있다. 밑동은 알뿌리처럼 불룩하다.

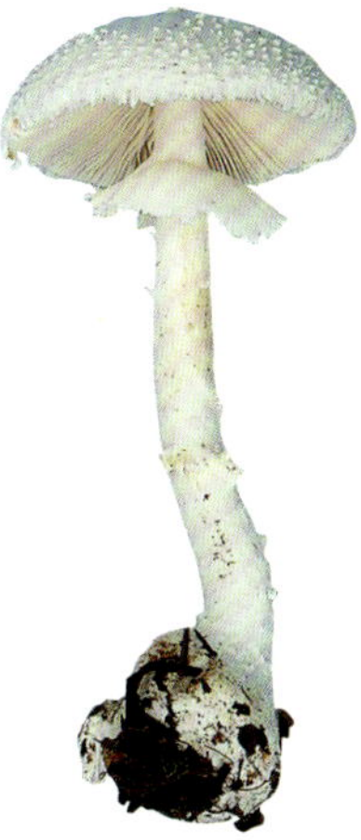

대는 속이 비어 있다.

갓은 처음에는 반구형. 자라면 평평하게 벌어진다.

전체가 흰색이며, 갓 표면에 돌기가 많다.

별명 : 잿빛달걀버섯

 독성

광대버섯과
붉은점박이광대버섯

마귀광대버섯과 비슷해서 구별하기 어렵다

갓은 갈색으로 반구형에서 평평하게 벌어지고, 표면에 팥색을 띤 흰색 돌기가 있는 것이 특징이다. 대에는 가는 인편과 막 같은 모양의 턱받이가 있다. 밑동은 알뿌리모양으로 불룩하다. 상처 부분은 팥색으로 변한다. 전에는 먹을 수 있다고 알려져 있었으나, 최근에 독성분이 확인되었으므로 먹지 않는다.

○ 어릴 때는 반구형. 자라면 원뿔모양이 되었다가 평평하게 벌어진다.

상처 부분은 팥색으로 변한다.

 【발생 장소】 각종 숲속의 땅위

 【발생 시기】 여름~가을

 【구별 방법】 갓에 돌기가 있다. 뿌리가 알뿌리모양으로 불룩하다. 상처 부분은 팥색으로 변색.

 【먹는 방법】 독이 있으므로 식용하지 않는다.

돌기가 떨어져서 없어지는 것도 있다.

자라면 갓이 평평하게 벌어진다. 대에는 막 같은 모양의 턱받이가 남는다.

독성   비슷하므로 주의!

매우 비슷하다.

마귀광대버섯 (p.256)

대는 표면에 가는 인편이 있다. 밑동은 알뿌리처럼 불룩하다.

별명 : 밀버섯

외대덧버섯

식용에 적합

외대버섯과
외대덧버섯

쓴맛이 강하고, 독특한 맛과 향이 있다

쓴맛이 강하지만, 씹는 맛이 좋고 먹을 수 있는 버섯이다.

갓은 회색에서 회색을 띤 황토색으로, 섬유모양의 비백무늬(붓으로 살짝 스친 것 같은 잔무늬)가 생긴다. 주름살은 성기고, 처음에는 흰색이지만 자라면 분홍색에서 살구색이 된다.

독버섯인 삿갓외대버섯(p.180)이나 외대버섯(p.182)과 비슷하므로 주의한다.

 [발생 장소] 넓은잎나무와 소나무가 섞여 있는 숲속의 땅위

 [발생 시기] 가을

 [구별 방법] 갓은 회색에서 회색을 띤 황토색으로 비백무늬가 있다. 주름살은 자라면 분홍색에서 살구색이 된다.

 [먹는 방법] 구이, 볶음 등

갓에 타원형 무늬가 생기는 것이 있다.

●버섯이야기

외대덧버섯의 쓴맛을 줄이려면 한 번 데쳐서 그 물을 버리거나 고온에서 굽거나 소테로 요리하는 것이 좋다. 그러나 이 버섯은 쓴맛이 특징으로, 외대덧버섯을 많이 채취하는 지역에서는 이 쓴맛을 즐긴다. 또, 쓰지 않으면 삿갓외대버섯일 수 있다.

 **독성**　　　비슷하므로 주의!

대는 속이 비어 있다.
삿갓외대버섯 (p.180)

밀가루 냄새가 난다.
외대버섯 (p.182)

갓은 회색에서 회색을 띤 황토색. 주름살은 자라면 분홍색을 띤다.

대는 표면에 옅은 갈색의 섬유모양의 무늬가 있다.

어릴 때는 반구형이다.

자라면 갓이 평평하게 벌어지고, 가운데가 약간 볼록하다.

173 별명 : —

외대버섯과
삿갓외대버섯

중독 사고가 가장 많으므로 착각하지 않도록 주의

외대덧버섯(p.178)이나 땅찌만가닥버섯(p.56), 잿빛만가닥버섯(p.16) 등으로 잘못 알고 먹어 중독되는 경우가 많은 버섯이다.

갓은 회갈색으로, 건조하면 회색이 짙어진다. 원뿔모양에서 평평하게 벌어진다. 갓 표면에 섬유모양의 비백무늬(붓으로 살짝 스친 것 같은 잔무늬)가 없고, 습한 환경에서는 점액이 나온다. 대는 속이 스펀지모양으로, 손으로 잡으면 찌부러진다.

 [발생 장소] 잡목림이나 활엽수림의 땅위

 [발생 시기] 여름~가을

 [구별 방법] 갓은 회갈색. 주름살은 흰색으로 자라면 분홍색을 띤다. 대는 속이 스펀지모양.

 [먹는 방법] 독이 있으므로 식용하지 않는다.

갓은 회갈색. 비백무늬는 없다.

대를 잘라본 단면. 외대덧버섯(p.178)과의 차이점은 속이 스펀지모양.

습한 환경에서는 갓에 점액이 나온다. 색도 살구색이 된다.

대는 속이 스펀지모양. 주름살은 자라면 분홍색을 띤다.

오래되면 가장자리가 위로 젖혀진다.

건조하면 갓은 회색이 짙어진다.

181

별명 : 굽은외대버섯

외대버섯  독성

- **[발생 장소]** 활엽수림 땅위
- **[발생 시기]** 가을
- **[구별 방법]** 갓 가장자리가 불규칙하게 변형된다. 대는 흰색으로 섬유질이고 굵다. 밀가루 냄새가 난다.
- **[먹는 방법]** 독이 있으므로 식용하지 않는다.

외대버섯과
외대버섯

갓은 회색을 띤 옅은 황토색

갓은 회색을 띤 옅은 황토색이며, 가장자리가 불규칙하게 변형되고, 밀가루 냄새가 난다. 습한 환경에서는 점액이 조금 나온다. 주름살은 어릴 때는 흰색이지만, 자라면서 살구색이 된다. 대는 섬유질로 굵고 단단하다. 외대덧버섯(p.178) 등으로 잘못 알고 먹어 중독되기도 하므로 주의한다.

대는 섬유질이며, 굵고 단단하다. 밑동에 솜털 같은 균사가 있다.

오래되면 갓 가장자리가 갈라지기 쉽다. 주름살은 살구색이 된다.

갓은 찐빵모양에서 평평하게 벌어진다.

난버섯과
난버섯

별명 : 노란치마버섯아재비

식용에 부적합

일반적으로 채취하는 버섯 종류가 아니다

쓰러진 나무 등에서 발생하는 것을 자주 볼 수 있는데, 군생하지 않고 수확량도 많지 않아 일반적으로 채취하는 버섯은 아니다.

갓은 종모양에서 평평하게 벌어지고, 곧 위로 젖혀진다. 주름살은 흰색이며, 나중에 살구색이 된다. 큰 주름살 사이에 작은 주름살이 있다. 대에는 섬유모양의 무늬가 있다. 독버섯인 삿갓외대버섯(p.180)과 비슷하므로 주의한다.

 【발생 장소】 넓은잎나무 그루터기나 쓰러진 나무 등

 【발생 시기】 봄 ~ 가을

 【구별 방법】 갓은 회갈색으로 종모양에서 평평하게 벌어진다. 대는 흰색. 갓과 대에 섬유모양의 무늬가 있다.

 【먹는 방법】 식용에 부적합하다.

갓 표면에는 섬유모양의 무늬가 있다.

나무 줄기에서도 발생한다. 때로는 표고를 재배하는 원목에서도 발생한다.

대에는 섬유모양의 무늬가 있다. 대는 속이 차 있다.

갓은 회갈색. 종모양에서 평평하게 벌어진다.

다람쥐눈물버섯

먹물버섯과

식용에 부적합

 【발생 장소】 쓰러진 넓은잎나무나 썩은 나무 등

 【발생 시기】 초여름 ~ 초겨울

 【구별 방법】 갓 가장자리에 턱받이가 남는 것이 있다. 대는 속이 비어 있다.

 【먹는 방법】 식용에 부적합하다.

썩은 나무 등에 군생한다

갓은 반구형에서 원뿔모양으로 벌어지고, 나중에는 평평해진다. 보통은 적갈색인데, 건조하면 옅은 황토색이 된다. 갓 가장자리에 턱받이 조각이 남아 있는 것도 있다. 주름살은 적갈색인데, 자라면서 짙은 갈색이 된다. 대는 표면이 흰색에서 황갈색이다.
현재는 독이 없는 것으로 알려져 있으나 식용 가치는 없다.

주름살은 어릴 때는 적갈색. 나중에는 짙은 갈색.

갓은 반구형에서 평평하게 벌어진다. 표면에는 방사상의 선이 있다.

대는 표면이 흰색에서 황갈색. 속은 비어 있다.

썩은 넓은잎나무 등에 군생한다.

먹물버섯과
고깔먹물버섯

별명 : 애기고깔버섯

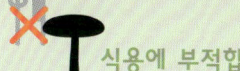
식용에 부적합

고깔먹물버섯

갓 지름이 약 1㎝인 작은 버섯

갓은 지름이 약 1㎝이고 옅은 회색인 작은 버섯이다. 오래된 나무 그루터기 등에 빽빽이 군생한다. 살짝 건드리기만 해도 뚝뚝 떨어질 정도로 약하고, 햇빛을 받으면 몇 시간 만에 검게 말라버린다. 전체가 미세한 흰색 털로 덮여 있다. 대부분의 먹물버섯과 버섯같이 잉크처럼 녹아버리지는 않는다.

식용에 부적합하다.

 【발생 장소】 나무 그루터기나 쓰러진 나무, 그 주변 땅위

 【발생 시기】 봄~가을

 【구별 방법】 갓은 달걀모양이나 종모양. 갓 표면에 방사상의 홈선이 있고, 미세한 털로 덮여 있다.

 【먹는 방법】 식용에 부적합하다.

오래된 나무 그루터기 등에 발생한다. 갓은 달걀모양이나 종모양.

빽빽이 발생하고, 때로는 나무 그루터기 등을 모두 메운다.

갓에는 방사상의 홈선이 있다.

별명 : —

잎새버섯

식용에 적합

구멍장이버섯과
잎새버섯

때로는 한다발이 5kg 이상으로 크다

깊은 산에 발생하는 버섯 같지만, 의외로 주변에서도 볼 수 있다.
대는 갈라져서 가지처럼 되고, 그 끝에 주걱모양의 갓이 달린다. 때로는 한 다발이 5kg 이상 되는 것도 있다.
재배도 가능하지만, 자연의 맛을 느낄 수 있는 자연산 버섯의 맛과 향은 특별하다. 일식, 중식, 양식 등 어떤 요리와도 잘 어울린다.

 【발생 장소】 물참나무나 밤나무, 벚나무 등 오래된 나무 근처

 【발생 시기】 가을

 【구별 방법】 대 끝에 주걱모양의 갓이 달린다. 처음에는 흑갈색이고, 오래되면 퇴색한다.

 【먹는 방법】 밥, 국, 무침, 조림, 구이, 볶음 등

오래된 나무 밑동에 생기는 것이 많다.

🍴 Cooking

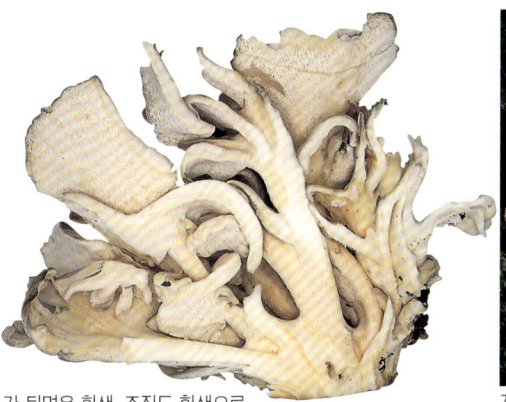

잎새버섯을 곁들인 잎새버섯 햄버그스테이크.

갓 뒷면은 흰색. 조직도 흰색으로 잘 부러진다.

자라면 옅은 갈색으로 변한다.

어릴 때는 흑갈색이다.

때로는 하나가 50㎝ 이상.

붉은덕다리버섯

별명 : —

독성

구멍장이버섯과

어린 버섯을 먹는다

때로는 갓 지름이 20cm 이상 되는 대형 버섯이다. 주홍색에서 노란색을 띤 주황색 갓이 겹치듯이 발생한다.

독성분이 확인되었으므로, 데쳐서 물은 버리고 조리하는 등 충분히 익힌다. 어린 버섯은 먹을 수 있다고 알려져 있지만, 외국에서는 독버섯으로 취급한다. 충분히 익히지 않으면 중독되므로 먹지 않도록 한다.

 [발생 장소] 물참나무나 전나무류 등의 줄기나 마른나무

 [발생 시기] 여름 ~ 가을

 [구별 방법] 갓은 선명한 주홍색으로 지름이 20cm 이상 된다. 자라면 가장자리가 잘 갈라진다.

 [먹는 방법] 독이 있으므로 식용하지 않는다.

오래되면 조직이 잘 부서진다.

어린 버섯은 조직이 부드럽고 탄력이 있다.

자라면 선명한 색이 퇴색하고, 가장자리가 잘 갈라진다.

갓 표면이 선명한 주홍색. 겹치듯이 발생한다.

구멍장이버섯과
검정대겨울우산버섯

별명 : 검정대버섯

 식용에 부적합

180 검정대겨울우산버섯

 【발생 장소】 쓰러진 넓은잎나무나 마른나무

 【발생 시기】 여름~가을

 【구별 방법】 갓은 황갈색에서 적갈색 원모양이고, 가장자리는 물결모양. 조직은 가죽 같은 질감. 대는 검은색.

 【먹는 방법】 식용에 부적합하다.

조직은 가죽 같은 질감

갓은 원모양으로 황갈색에서 적갈색. 가운데가 오목하고, 가장자리는 물결모양이다. 조직은 부드러우나 가죽 같은 질감이고 단단하다. 대는 검은색으로 갓 한쪽에 붙는 것도 있다.

조직은 얇고, 가죽 같은 질감으로 단단하다. 갓 표면은 조금 광택이 있다.

갓 뒷면은 흰색에서 옅은 갈색. 대는 검은색.

갓은 가운데가 오목하게 깔때기모양이 되는 것도 있다.

구멍장이버섯과
왕잎새버섯

별명 : —

 식용에 부적합

181 왕잎새버섯

 【발생 장소】 너도밤나무 밑동

 【발생 시기】 여름~가을

 【구별 방법】 주걱모양의 갓이 많이 겹쳐 있다. 표면에는 섬유모양이나 나이테 같은 무늬가 있다.

 【먹는 방법】 식용에 부적합하다.

자라면 조직이 단단해진다

갓은 주걱모양으로 다갈색에서 옅은 황갈색이다. 갓 뒷면은 흰색에서 옅은 노란색이며, 손으로 세게 만지면 검은색으로 변한다.

아주 어린 버섯 외에는 식용 가치가 없으며, 드물게 중독이 되므로 일반적으로 식용에 적합하지 않다.

갓 표면에는 섬유모양 또는 나이테 같은 무늬가 있다. 자라면 조직이 단단해진다.

182 검은잔나비버섯

별명 : —

식용에 부적합

구멍장이버섯과
검은잔나비버섯

- **[발생 장소]** 물참나무 등 넓은잎나무 줄기나 마른나무
- **[발생 시기]** 1년 내내
- **[구별 방법]** 표면은 가운데가 검은색에서 흑자색이고, 주변은 색이 옅다. 조직은 코르크질로 흑자색.
- **[먹는 방법]** 식용에 부적합하다.

표면은 가운데가 검은색에서 흑자색.

뒷면은 옅은 황토색.

조직은 코르크질

표면은 가운데가 검은색에서 흑자색이고, 조직은 코르크질로 흑자색이다. 선물로 파는 불로초(영지)에 섞여 있기도 한데, 달여 먹어도 쓴맛만 있을 뿐 효과는 없다.

---

183 불로초

별명 : 영지

식용에 부적합

불로초과
불로초

- **[발생 장소]** 오래된 넓은잎나무나 흙에 묻혀 있는 나무
- **[발생 시기]** 장마철과 가을
- **[구별 방법]** 갓은 어릴 때는 노란색, 자라면 적갈색. 말려서 닦으면 광택이 난다.
- **[먹는 방법]** 식용에 부적합하다.

중국에서는 장식품이나 불로장생 약

갓은 어릴 때는 노란색이고, 자라면서 가운데가 적갈색이 된다.
중국에서는 일찍이 경사스런 버섯으로 취급되었으며, 장식품이나 불로장생 약으로 이용하였다.

갓에는 나이테 같은 무늬가 있다. 말려서 닦으면 광택이 난다.

불로초과
잔나비불로초

갓 표면은 코코아 같은 가루로 덮여 있다.

● 버섯이야기

성장기 잔나비걸상은 갓 뒷면에 상처가 나면 갈색으로 변하며, 건조하면 없어지지 않는다. 이것을 기념 메시지카드 대신 사용하면 어떨까.

별명 : 잔나비걸상, 덕다리

식용에 부적합

184 잔나비불로초

- 【발생 장소】 넓은잎나무 줄기나 쓰러진 나무
- 【발생 시기】 1년 내내
- 【구별 방법】 갓은 회색에서 회갈색으로 나이테 같은 무늬가 있다. 코코아 같은 가루로 덮여 있다.
- 【먹는 방법】 식용에 부적합하다.

여러해살이로 매년 계속 자란다

여러해살이로 매년 계속 자란다. 50㎝ 이상 되거나, 겹쳐서 발생하기도 한다. 표면에는 나이테 같은 무늬가 있고, 코코아 같은 가루(홀씨)로 덮인다.

매년 계속 자라서 두꺼워지면 원숭이뿐만 아니라 사람이 앉아도 부서지지 않는다.

국수버섯과
국수버섯

별명 : —

식용에 부적합

185 국수버섯

- 【발생 장소】 활엽수림 땅위
- 【발생 시기】 여름~가을
- 【구별 방법】 전체가 흰색으로 가늘고 길다.
- 【먹는 방법】 식용에 부적합하다.

호리호리하고 부드럽다

전체가 흰색으로 호리호리하다. 육질이 부드럽고 물러서 잘 부러지는 버섯이다. 먹을 수 있지만 무미 무취로 식용 가치는 없다.

활엽수림에 속생한다. 전체가 흰색이고 호리호리하다.

186 자주국수버섯

별명 : —

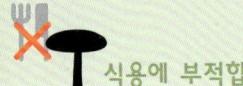
식용에 부적합

국수버섯과
자주국수버섯

【발생 장소】 숲속 땅위

【발생 시기】 여름 ~ 가을

【구별 방법】 옅은 자주색을 띠고, 납작한 모양이다. 속은 비어 있다. 무미 무취. 속생 또는 군생한다.

【먹는 방법】 식용에 부적합하다.

때로는 큰 다발이 되기도 한다

옅은 자주색이다. 가늘고 길며 납작한 모양으로, 속은 비어 있다. 때로는 10개 이상의 큰 다발이 되기도 한다. 무미 무취로 식용 가치는 없다. 단, 한국에서는 식용하기도 한다.

옅은 자주색으로 납작한 모양. 끝이 갈라지는 것도 있다.

187 방망이싸리버섯

별명 : —

독성 미확인

국수버섯과
방망이싸리버섯

【발생 장소】 숲속 땅위

【발생 시기】 가을

【구별 방법】 야구방망이 같은 모양. 밑동은 가늘고 끝은 굵다. 색은 옅은 갈색. 표면은 울퉁불퉁.

【먹는 방법】 식용인지 독버섯인지 불분명하므로 식용하지 않는다.

위로 곧게 자라서 야구방망이 같은 모양

밑동은 가늘고, 끝은 위로 굵고 곧게 자라는 모양이 야구방망이를 연상시킨다. 같은 종류로 클라바리아델푸스 트룬카투스 *Clavariadelphus truncatus*나 붉은방망이싸리버섯이 있다. 현재 식용인지 독버섯인지 불분명하다.

밑동은 가늘고 끝은 굵다. 마치 야구방망이 같은 모양.

밑동은 흰색. 표면은 울퉁불퉁하다.

창싸리버섯과
노란창싸리버섯

선명한 노란색으로, 가늘고 길며 납작한 모양.

속생한다. 육질은 비교적 단단하다.

별명 : —

식용에 부적합

188 노란 창싸리 버섯

- 【발생 장소】 각종 숲속의 땅위
- 【발생 시기】 여름~가을
- 【구별 방법】 선명한 노란색이며, 끝이 조금 휘고 납작한 모양이다.
- 【먹는 방법】 식용에 부적합하다.

끝이 휜 칼을 연상시키는 납작한 모양

가늘고 길며 납작하고, 끝이 약간 휜 칼모양이다. 속은 비어 있고, 드물게 끝이 갈라진다.
먹을 수 있지만, 식용 가치는 없다.

창싸리버섯과
붉은창싸리버섯

색은 선명한 주홍색. 끝이 가늘다.

밑동은 조금 흰색을 띤다. 세로로 홈이 생기기도 한다.

속생한다. 색은 쉽게 퇴색한다.

별명 : —

식용에 부적합

189 붉은 창싸리 버섯

- 【발생 장소】 각종 숲속의 땅위
- 【발생 시기】 여름~가을
- 【구별 방법】 선명한 주홍색인데 쉽게 퇴색한다. 납작한 모양이며, 속은 비어 있다. 무미 무취.
- 【먹는 방법】 식용에 부적합하다.

무미 무취로 식용 가치는 그다지 없다

노란창싸리버섯 종류로 선명한 주홍색이다. 무미 무취로 식용 가치는 없지만, 마리네나 샐러드 색을 낼 때 이용한다.

창싸리버섯과
볏싸리버섯

190 별명 : —

볏싸리 버섯

식용에 부적합

 【발생 장소】 각종 숲속의 땅위

 【발생 시기】 가을

 【구별 방법】 밑동에서 여러 갈래로 갈라진다. 끝은 가늘게 갈라진다. 전체가 흰색이며 크기는 약 10㎝.

 【먹는 방법】 식용에 부적합하다.

싸리버섯과 비슷하다

모양은 싸리버섯(p.195)과 비슷하다. 약 10㎝로 그다지 크게 자라지는 않는다. 여러 갈래로 갈라지고, 끝은 더 가늘게 갈라진다.
식용 가치는 그다지 없다.

전체가 흰색. 소형 싸리버섯 느낌.

여러 갈래로 갈라지고, 끝은 더 가늘게 갈라진다.

어릴 때는 끝이 갈라지지 않고 뾰족하다.

깃싸리버섯과
가지깃싸리버섯

191 별명 : 실빗자루버섯

가지 깃싸리 버섯

식용에 부적합

 【발생 장소】 숲속에 떨어진 마른 가지

 【발생 시기】 가을

 【구별 방법】 색은 흰색에서 조금 갈색을 띤 흰색. 잘게 갈라져서 다발을 이룬다.

 【먹는 방법】 식용에 부적합하다.

불규칙하게 갈라져서 다발을 이룬다

불규칙적으로 가늘게 갈라져서 다발을 이룬다. 색은 흰색에서 조금 갈색을 띤 흰색이다. 조직은 오독오독한 연골질이다. 땅에 떨어진 마른 가지에서 발생하는 것이 특징이다.

불규칙적으로 가늘게 갈라져서 다발을 이룬다.

싸리버섯과
싸리버섯

별명 : —

192

싸리버섯

 식용에 적합

익으면 씹었을 때 탱탱한 느낌

예전부터 친숙한 버섯이다. 대가 갈라져서 나뭇가지처럼 되고, 끝은 옅은 빨간색을 띤다. 육질이 물러서 잘 부러지는데, 익으면 씹는 느낌이 탱탱하다. 맛과 향도 좋고, 여러 요리에 이용할 수 있다.

식용으로는 어린 버섯이 좋다. 조금 오래된 것은 데쳐서 물을 버리고 간장조림 등을 하면 맛있다.

 【발생 장소】 잡목림이나 표고가 높은 좀솔송나무숲 땅위

 【발생 시기】 가을

 【구별 방법】 대는 가늘게 갈라져서 나뭇가지모양이 된다. 끝은 옅은 빨간색. 무르고 잘 부러진다.

【먹는 방법】 밥, 국, 구이, 간장조림 등

 독성 — 비슷하므로 주의!

붉은싸리버섯
주홍색을 띤다.

노랑싸리버섯
선명한 노란색이다.

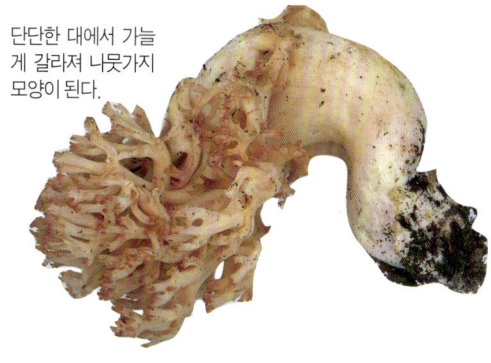
단단한 대에서 가늘게 갈라져 나뭇가지모양이 된다.

전체가 흰색에서 유백색. 끝이 빨간색을 띤다.

193 | 별명 : 흐르레기

목이  식용에 적합

목이과
목이

 【발생 장소】 넓은잎나무 그루터기나 마른나무

 【발생 시기】 봄 ~ 가을

 【구별 방법】 육질은 젤라틴질. 습도가 낮으면 금방 말라서 오그라든다.

 【먹는 방법】 국, 무침, 구이, 볶음 등

중화요리에 없어서는 안 되는 유명한 버섯

다갈색에서 자주색을 띤 짙은 갈색이다. 생김새는 귀 같은 모양, 밥공기모양 등 다양하며, 습도가 낮아지면 금방 말라서 오그라든다. 수분이 있을 때는 투명한 느낌이다.

젤라틴질로 씹을 때 오돌오돌한 맛이며, 중화요리에서 친숙한 버섯이다. 전체가 잔털로 덮여 있는 털목이도 같은 종류로 목이처럼 이용할 수 있다.

나무 그루터기나 마른나무에서 발생한다. 조직은 젤라틴질.

습도가 낮으면 말라서 오그라들어 나무에 들러붙는다.

털목이. 잔털은 흰색이며 눈처럼 보인다.

털목이. 안쪽은 매끄럽다.

검은색 목이.

수분이 있을 때는 투명한 느낌이다. 생김새는 귀 같은 모양, 밥공기모양 등 다양하다.

별명 : 긴수염버섯

침버섯

- **[발생 장소]** 너도밤나무 등의 쓰러진 나무나 마른나무
- **[발생 시기]** 초가을
- **[구별 방법]** 표면은 매끄럽고, 뒷면은 가시가 빽빽이 많다. 단내가 난다.
- **[먹는 방법]** 무침, 조림, 볶음 등

수염버섯과
침버섯

갓 뒷면에 가시가 빽빽하고, 특유의 달콤한 향기가 있다

갓은 반원모양이나 주걱모양, 부채모양 등 다양하고, 가장자리가 물결모양이다. 색은 유백색. 건조하면 노란색이 조금 짙어진다. 표면은 매끄럽지만, 뒷면은 잔가시가 빽빽하게 많이 있다. 가시 길이는 3~10㎜. 오래되면 길어진다. 육질은 단단하고 고기 같은 식감이 있으며, 단 듯한 특유의 냄새가 있다. 데쳐서 물을 버리고 조리하면 냄새는 신경 쓰지 않아도 된다.

자라면서 가장자리가 물결모양이 된다.

표면은 매끄럽고, 뒷면은 가시가 많이 난다.

쓰러진 나무 등에 빽빽하게 발생한다.

흰목이과
꽃흰목이

별명 : ―

195

꽃흰목이

건조하면 까맣게 오그라드는데, 비가 오면 다시 원래대로 돌아간다.

비가 그치면 물기를 머금어 미역귀처럼 보인다.

 【발생 장소】 넓은잎나무 줄기나 표고 재배용 원목 등

 【발생 시기】 가을

 【구별 방법】 투명한 느낌의 갈색이며, 젤라틴질의 꽃모양. 서로 겹쳐서 꽃송이처럼 된다. 건조하면 까맣게 오그라든다.

【먹는 방법】 샐러드, 무침, 국 등

겹꽃처럼 송이가 된다

말라 죽은 참나무 등의 줄기에 겹꽃처럼 송이를 이루어 달라붙는다.
조직은 젤라틴질로 씹으면 오돌오돌하다. 데쳐서 초무침이나 샐러드 등으로 요리하면 좋다.

치마버섯과
치마버섯

별명 : ―

196

치마버섯

표면은 갈색이고, 미세한 털로 덮여 있다. 대는 없다.

【발생 장소】 넓은잎나무, 바늘잎나무의 나무껍질이나 그루터기

【발생 시기】 1년 내내. 특히 봄~가을

【구별 방법】 불규칙한 부채모양이며, 거친 회색 털로 덮여 있다. 주름살은 성기고, 가운데에서 세로로 갈라져 2겹이 된다.

【먹는 방법】 식용에 부적합하다.

날씨에 따라 오그라들거나 펴진다

넓은잎나무나 바늘잎나무의 구별 없이 발생하고, 건조에도 강해서 날씨에 따라 갓을 펴거나 오그린다.
폐에 들어가 기이한 병의 원인이 된다는 보고가 있다.

별명 : —

노루궁뎅이

식용에 적합

산호침버섯과
노루궁뎅이

가시가 많이 늘어져 있는 공모양이다

나무의 비교적 높은 줄기에서 많이 발생하는 버섯이다.
부드러운 흰색 가시가 많이 늘어져서 공모양이 된다. 색은 처음에는 흰색이고, 나중에는 옅은 황갈색이 된다. 조직은 부드럽고, 속은 크고 작은 구멍이 많아 스펀지모양이 된다.
은은한 맛과 향이 있으며, 데쳐서 회처럼 먹거나 초무침 등을 하면 좋다.

 【발생 장소】 반쯤 마른 너도밤나무나 물참나무 줄기

 【발생 시기】 가을

 【구별 방법】 부드러운 가시가 늘어진 공모양이다. 어릴 때는 흰색, 나중에 옅은 갈색을 띤다.

 【먹는 방법】 국, 무침 등

가시를 많이 늘어뜨리고 있는 모습이 노루 엉덩이 같다 하여 붙여진 이름이다.

비교적 높은 곳에 발생하는 것이 많으므로 채취할 때 주의한다.

매우 많은 가시가 늘어져서 공 모양이 된다. 심은 단단하다.

자라면 가시 끝이 옅은 갈색을 띤다.

비에 젖은 모습이 왠지 우아하다.

여러 개씩 발생하기도 한다. 고슴도치처럼 보이기도 한다.

198 수실노루궁뎅이

별명 : —

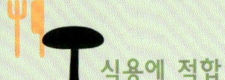 식용에 적합

산호침버섯과
수실노루궁뎅이

- 【발생 장소】 너도밤나무가 쓰러진 것이나 마른나무 등
- 【발생 시기】 가을
- 【구별 방법】 밑동에서 갈라져 나온 바늘처럼 가는 가시가 늘어진다. 전체가 흰색이고, 마르면 빨간색을 띤 갈색이 된다.
- 【먹는 방법】 조림, 전골 등

가시가 늘어져 산호처럼 된다
바늘 같은 가는 가시가 많이 늘어진 모습이 산호처럼 보인다.
먼지가 묻지 않도록 조심스럽게 채취하며, 뜨거운 물에 데쳐서 찬물에 헹궈 쇠고기전골 등에 넣으면 좋다.

가시가 많이 늘어져 있어 산호처럼 보인다. 전체가 흰색.

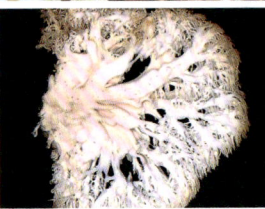

밑동에서 가지가 갈라진다. 마르면 적갈색이 된다.

199 곰푸스 푸르푸라케우스

별명 : —

식용에 부적합

나팔버섯과 *Gomphus purpuraceus*
곰푸스 푸르푸라케우스

- 【발생 장소】 각종 숲속의 땅위
- 【발생 시기】 여름~가을
- 【구별 방법】 갓은 주걱모양, 부채모양, 깔때기모양 등이고, 가장자리는 물결모양. 여러 송이씩 속생한다. 전체가 보라색.
- 【먹는 방법】 식용에 부적합하다.

보라색의 비교적 희귀한 버섯
갓은 주걱모양이나 부채모양, 깔때기모양 등 다양하고, 가장자리는 물결모양이다. 갓 뒷면에는 잔주름이 있다.
먹을 수 있지만, 비슷한 종류 중에 독버섯이 있으므로 식용으로는 적합하지 않다.

여러 송이씩 모여서 속생한다. 갓 뒷면에는 잔주름이 있다.

전체가 보라색. 갓 가장자리는 물결모양이다.

붉은목이과
등황색아교뿔버섯

선명한 노란색. 조금 분홍색을 띠는 것도 있다.

대가 갈라져서 나뭇가지모양이다. 뿌리가 길게 자란다.

이끼류로 덮인 쓰러진 나무 등에 잘 발생한다.

별명 : 싸리아교뿔버섯

200 등황색아교뿔버섯

식용에 부적합

- 【발생 장소】 쓰러진 바늘잎나무나 마른 가지 등
- 【발생 시기】 여름~가을
- 【구별 방법】 노란색에서 분홍색을 띤 노란색. 조직은 연골질로 잘 부러지지 않는다. 건조하면 딱딱해진다.
- 【먹는 방법】 식용에 부적합하다.

투명한 느낌의 아름다운 버섯

어둑어둑한 숲속에서 투명한 느낌의 생김새가 돋보이는 버섯이다. 습도가 높은 곳에 있으며 이끼류로 덮인 쓰러진 나무 등에서 잘 보인다. 육질은 연골질로 잘 부러지지 않고, 건조하면 딱딱하게 수축한다.

붉은목이과
다크리미케스 아바란티우스
Dacrymyces avarantius

선명한 노란색이며, 조직은 젤라틴질.

별명 : —

201 다크리미케스 아바란티우스

식용에 부적합

- 【발생 장소】 쓰러진 바늘잎나무나 나무 그루터기
- 【발생 시기】 여름~가을
- 【구별 방법】 젤라틴질로 선명한 노란색. 별사탕 같은 모양이다.
- 【먹는 방법】 식용에 부적합하다.

젤라틴질로 별사탕 같은 모양

선명한 노란색으로 별사탕처럼 보인다. 젤라틴질로 햇빛을 받으면 금방 말라서 갈색을 띠며, 나무에 들러붙어 있어 구별하기 어렵다.
식용에 적합하지 않다.

203

식용에 적합

소혀버섯

【발생 장소】 모밀잣밤나무류의 큰 나무 밑동 근처

【발생 시기】 봄

【구별 방법】 빨간색에서 암적색이며, 표면에 작은 알갱이가 있다. 절단면은 빨간색에 흰색의 희끗희끗한 무늬.

【먹는 방법】 초무침 등의 무침, 볶음

소혀버섯과
소혀버섯

빨간색으로 표면에 알갱이가 있고, 절단면은 서리가 내린 듯한 모양

반원모양이나 주걱모양이다. 전체가 빨간색으로, 자라면 크기가 약 20㎝가 된다. 표면에 작은 알갱이가 매우 많고, 혀를 연상시키기 때문에 유럽에서도 '소의 혀'라는 의미의 이름이 있다. 잘라 보면 빨간색에 흰색의 희끗희끗한 무늬이다. 1등급 쇠고기 같다.

신맛이 있으며, 얇게 썰어서 날로 먹거나 버터볶음 등을 한다.

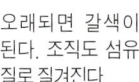

표면은 흰색을 띤다. 어릴 때는 조직이 부드럽다.

오래되면 갈색이 된다. 조직도 섬유질로 질겨진다.

표면은 빨간색. 평평하게 혀 같은 모양이다.

송이과
젤리애주름버섯

대가 순채처럼 점액으로 덮여 있다

갓은 찐빵모양에서 평평하게 벌어진다. 색은 처음에는 투명한 느낌의 흰색이지만, 벌어지면 가운데가 옅은 갈색을 띤다.
대가 순채처럼 무색 투명한 점액으로 덮여 있다. 주름살은 흰색으로 성기고, 큰 주름살 사이에 작은 주름살이 있다. 식용으로 적합하지 않다.

별명 : 점질대애주름버섯

식용에 부적합

203
젤리애주름버섯

 【발생 장소】 넓은잎나무의 낙엽이나 마른 가지

 【발생 시기】 가을

 【구별 방법】 갓은 찐빵모양에서 거의 평평하게 벌어지고, 전체가 흰색. 주름살은 성기고, 대에는 점액이 있다.

 【먹는 방법】 식용에 부적합하다.

마른 가지 등에 발생. 갓은 찐빵모양에서 평평하게 벌어진다.

대가 순채처럼 점액으로 덮여 있다. 투명한 느낌이며 아름답다.

소똥버섯과
볼비티우스 종류 *Bolbitius* sp.

비교적 희귀한 버섯으로, 습한 장소에서 볼 수 있다.

자라면 갓이 원뿔모양. 대는 흰색으로 밑동이 굵다.

유균은 청록색인데, 자라면서 빨간색을 띤다.

별명 : ―

독성 미확인

204
볼비티우스 종류

 【발생 장소】 숲속 등의 습한 곳에 있는 마른 가지 등

 【발생 시기】 가을

 【구별 방법】 어릴 때는 청록색에서 자라면 빨간색이 되고, 방사상 무늬가 생긴다. 대는 흰색으로 밑동이 굵다.

 【먹는 방법】 식용인지 독버섯인지 불분명하므로 식용하지 않는다.

밀랍 세공처럼 촉촉한 감촉

비교적 희귀한 버섯이다. 유균은 갓이 청록색을 띠지만 자라면서 빨간색을 띠고, 방사상 무늬가 있다. 밀랍 세공처럼 촉촉한 감촉이다.

205 긴대주발버섯

별명 : —

독성 미확인

안장버섯과
긴대주발버섯

 【발생 장소】 활엽수림 땅위

 【발생 시기】 가을

 【구별 방법】 머리 부분은 얕은 밥공기모양이나 말안장 같은 모양. 갓 뒤쪽은 미세한 털로 덮여 있다. 대에도 미세한 털이 있고, 속은 비어 있다.

 【먹는 방법】 식용인지 독버섯인지 불분명하므로 식용하지 않는다.

머리 부분이 얕은 밥공기모양이다

머리 부분이 얕은 밥공기모양인데, 말안장 같은 모양도 있다. 갓 뒤쪽과 대는 부드럽고 미세한 털로 덮여 있다. 대는 속이 비어 있다.

식용인지 독버섯인지 불분명하다.

머리 부분은 밥공기모양. 말안장 같은 모양도 있다.

206 주름안장버섯

별명 : —

먹는 방법에 주의

안장버섯과
주름안장버섯

머리 부분은 회색을 띤 흰색. 오래되면 흰색이 짙어진다.

 【발생 장소】 숲속의 땅위

 【발생 시기】 가을

 【구별 방법】 머리 부분은 옅은 회색. 대는 지저분한 흰색으로 표면이 울퉁불퉁. 머리 부분과 대 속은 비어 있다.

 【먹는 방법】 반드시 데쳐서 물은 버리고 조리한다.

충분히 익히지 않으면 중독된다

머리 부분과 대 속은 비어 있고, 살이 거의 없다.

유럽에서는 식용하지만, 데쳐서 물을 버리고 조리하는 등 충분히 익히지 않으면 중독되므로 주의한다.

머리 부분은 불규칙한 모양. 대는 울퉁불퉁하고, 속이 비어 있다.

콩나물버섯과
마귀숟갈버섯

별명 : −

 식용에 부적합

207
마귀숟갈
버섯

검은색으로 곤봉모양이나 주걱모양. 전체가 거친 털로 덮여 있다.

 【발생 장소】 활엽수림이나 침엽수림 땅위

 【발생 시기】 여름 ~ 가을

 【구별 방법】 검은색이며, 머리 부분은 곤봉모양이나 주걱모양. 전체가 거친 털로 덮여 있다.

 【먹는 방법】 식용에 부적합하다.

거친 털로 덮인 검은색 버섯

전체가 검은색이며, 거친 털로 덮여 벨벳모양이다. 머리 부분은 곤봉모양이나 주걱모양으로, 가운데에 얕은 홈이 있다. 비슷한 버섯이 많고, 독이 있는 것도 있으므로 식용에 부적합하다.

콩나물버섯과
황금넓적콩나물버섯

별명 : −

 식용에 부적합

208
황금넓적
콩나물
버섯

머리 부분은 어릴 때는 옅은 노란색. 투명한 느낌이다.

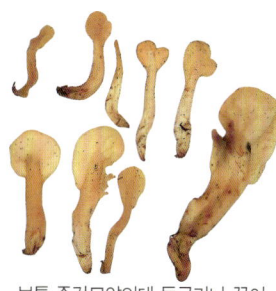

보통 주걱모양인데 둥글거나 끝이 갈라진 것도 있다.

줄을 짓거나 원을 그리듯이 발생(균륜)하는 것도 있다.

 【발생 장소】 침엽수림 낙엽 위

 【발생 시기】 가을

 【구별 방법】 옅은 노란색에서 황토색이며, 주걱모양으로 약간 물결모양이다. 대는 머리 부분보다 조금 짙은 색이다.

 【먹는 방법】 식용에 부적합하다.

작은 부채처럼 보인다

옅은 노란색에서 황토색이다. 대는 머리 부분의 반 정도까지 자란다. 머리 부분은 주걱모양이며 표면이 매끄럽다. 전체적으로 조금 물결모양이며, 작은 부채 같은 모양이다.

209	별명 : ―
연두색콩두건버섯	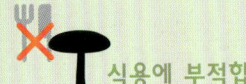

두건버섯과
연두색콩두건버섯

- 【발생 장소】 각종 숲속의 땅위
- 【발생 시기】 장마철, 가을
- 【구별 방법】 머리 부분은 노란색에서 녹색이고, 뒤쪽으로 말리며, 불규칙한 찐빵모양이 된다. 육질은 젤라틴질.
- 【먹는 방법】 식용에 부적합하다.

같은 종류로 색이 다른 것이 많다

작고 투명한 느낌의 귀여운 버섯. 머리 부분은 노란색에서 녹색인데, 같은 종류로 색깔이 다른 것이 많다.
먹을 수 있지만, 식용 가치는 없다.

머리 부분은 노란색에서 녹색. 전체적으로 투명한 느낌이다.

레오티아 스티피타타 *Leotia stipitata*. 조금 붉은색을 띤다.

210	별명 : ―
변형술잔녹청균	

두건버섯과
변형술잔녹청균

- 【발생 장소】 습도가 높은 숲속의 쓰러진 나무나 나뭇조각, 떨어진 가지 등
- 【발생 시기】 봄～가을
- 【구별 방법】 파란색을 띤 녹색. 균이 들어간 나무는 녹색이 된다. 대는 갓 한쪽에 붙는다.
- 【먹는 방법】 식용에 부적합하다.

작은 녹색 버섯

2～3㎜의 작은 버섯으로 금방 말라버리므로 비가 그쳤을 때밖에 볼 수 없다. 대는 짧고, 갓 한쪽에 붙는다. 나무에 이 균이 들어가면 그 부분이 녹색이 된다. 식용으로 적합하지 않다.

비가 그쳤을 때 물기를 머금고 모습을 드러낸다.

나무에 균이 들어가면 그 부분이 녹색이 된다.

술잔버섯과
털작은입술잔버섯

가운데부터 구멍이 벌어져서 밥공기모양이 된다.

| 별명 : — | **211** |

식용에 부적합

털작은입술잔버섯

- 【발생 장소】 숲속 습한 곳에 떨어진 가지 등
- 【발생 시기】 늦가을 ~ 봄
- 【구별 방법】 유균은 공모양. 가운데부터 벌어져서 밥공기모양이 되었다가 깔때기모양이 된다. 전체가 거친 흰색 털로 덮여 있다.
- 【먹는 방법】 식용에 부적합하다.

거친 흰색 털로 덮여 있다

선명한 빨간색이며, 전체가 거친 흰색 털로 덮여 있다. 유균은 공모양인데, 가운데부터 구멍이 벌어져서 밥공기모양이 되었다가 깔때기모양이 된다. 습한 장소에 있는 마른 잔가지 등에 발생한다.

꾀꼬리버섯과
뿔나팔버섯

가늘고 긴 깔때기모양. 표면은 작은 인편으로 덮여 있다.

갓 가장자리는 뒤쪽으로 말려 있다. 조직은 얇고 막질.

| 별명 : — | **212** |

식용에 부적합

뿔나팔버섯

- 【발생 장소】 각종 숲속의 땅위
- 【발생 시기】 여름 ~ 가을
- 【구별 방법】 검은색으로 깔때기모양. 조직은 얇고 막질. 표면은 회색을 띤 작은 갈색 인편으로 덮여 있다.
- 【먹는 방법】 식용에 부적합하다.

마법사 모자를 거꾸로 한 듯한 모양

가늘고 긴 깔때기모양으로, 거꾸로 된 마법사 모자를 연상시킨다. 조직은 얇고 막질.

유럽에서는 맛있는 버섯으로 식용하지만, 일본에서는 일반적으로 식용하지 않는다.

213 초록방패버섯

별명 : ―

식용에 적합

방패버섯과
초록방패버섯

【발생 장소】침엽수림 땅위

【발생 시기】가을

【구별 방법】어릴 때는 깨끗한 하늘색. 나중에 색이 바래서 회갈색이 된다. 여러 개씩 속생한다.

【먹는 방법】초무침 등의 무침, 쌀겨절임 등

상태가 좋은 어린 버섯은 하늘색

어린 버섯은 하늘색인데, 나중에 색이 바래 회갈색이 된다.
살짝 데쳐서 초무침하거나 쌀겨절임을 한다.

겹치듯이 속생하고, 큰 덩어리가 되는 것도 있다.

214 먼지버섯

별명 : ―

식용에 부적합

먼지버섯과
먼지버섯

【발생 장소】각종 숲속의 땅위나 둑 등

【발생 시기】여름~가을

【구별 방법】유균은 공모양으로 땅속에 있다. 자라면 땅위로 나와 겉껍질이 별모양으로 갈라진다. 겉껍질은 습도에 따라 열고 닫는다.

【먹는 방법】식용에 부적합하다.

겉껍질이 6~10조각으로 갈라져 별모양이 된다

유균은 평평한 공모양으로 땅속에 있다. 자라면 땅위로 나와서 겉껍질이 6~10조각으로 갈라져 별모양이 된다. 벌어진 겉껍질은 습도에 따라 벌어지거나 오므린다.

유균은 공모양으로 땅속에 있다. 자라면 겉껍질이 갈라져 별모양이 된다.

바구니버섯과
세발버섯

별명 : —

식용에 부적합

215

세발버섯

걷다가도 냄새로 알 수 있다

걷다가도 알 수 있을 만큼 냄새가 고약하고, 물론 식용할 수 없다. 지름이 약 2㎝인 달걀모양의 유균을 뚫고 나오며, 3~6개의 팔(탁지)을 뻗는다. 팔은 선명한 노란색에서 주황색 등이며, 아치를 그리듯이 꼭대기에서 만난다. 팔 안쪽에서 갈색 점액이 나오고, 이것이 강하게 악취를 풍긴다. 대는 조금 흰색을 띠고, 속은 비어 있다.

 【발생 장소】 각종 숲속이나 대나무 숲, 길가 등의 땅위

 【발생 시기】 장마철~가을

 【구별 방법】 악취를 강하게 풍긴다. 달걀모양의 유균에서 3~6개의 팔이 나와 아치모양으로 뻗는다.

 【먹는 방법】 식용에 부적합하다.

전체는 팔(탁지), 대, 대주머니로 이루어진다. 팔은 아치모양을 그린다.

달걀모양의 유균을 뚫고 발생한다. 팔 안쪽에서 악취를 풍기는 갈색 점액이 나온다.

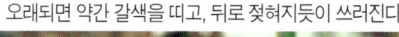

오래되면 약간 갈색을 띠고, 뒤로 젖혀지듯이 쓰러진다.

216 다형콩꼬투리버섯

별명 : —

식용에 부적합

콩꼬투리버섯과
다형콩꼬투리버섯

 【발생 장소】넓은잎나무 밑동 근처

 【발생 시기】여름~가을

 【구별 방법】곤봉모양으로 속이 차 있다. 겉은 검은색이고, 속은 흰색. 절단면에 띠모양의 검은색 선이 있다.

 【먹는 방법】식용에 부적합하다.

검은색으로 단단한 곤봉모양

곤봉 같은 모양이다.
겉은 검은색이지만 속은 흰색. 조직은 숯처럼 단단하지만 잘 부서진다. 잘라 보면 속이 차 있고, 띠모양의 검은색 선이 있다.

검은색 곤봉 같은 모양. 숯처럼 단단하지만 잘 부서진다.

217 기형기생버섯

별명 : —

 식용에 부적합

기생버섯과
기형기생버섯

 【발생 장소】기형 현상이므로 특정 지을 수 없다.

 【발생 시기】여름~가을

 【구별 방법】남성의 성기를 연상시키는 모양. 표면에는 큰 인편이 있다. 색은 노란색에서 갈색.

 【먹는 방법】식용에 부적합하다.

버섯에 다른 균이 들어가서 나타나는 기형 현상

하나의 버섯 종균이 아니라, 두건버섯과나 광대버섯과 버섯에 다른 균이 들어가서 생기는 기형 현상이다. 남성의 성기를 연상시키는 이상한 모양. 장소나 기후에 따라 대량 발생하기도 한다.

장소나 기후에 따라 대량으로 발생하기도 한다.

소나무숲에 발생하는 버섯

chapter 3

소나무숲에 발생하는 버섯

표고 500 ~ 1,000m 지역
2,000m
1,500m
1,000m
500m

전국 각지에 분포하는 소나무숲에서는 송이를 비롯해 다양한 버섯을 찾을 수 있다.

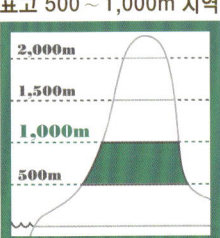

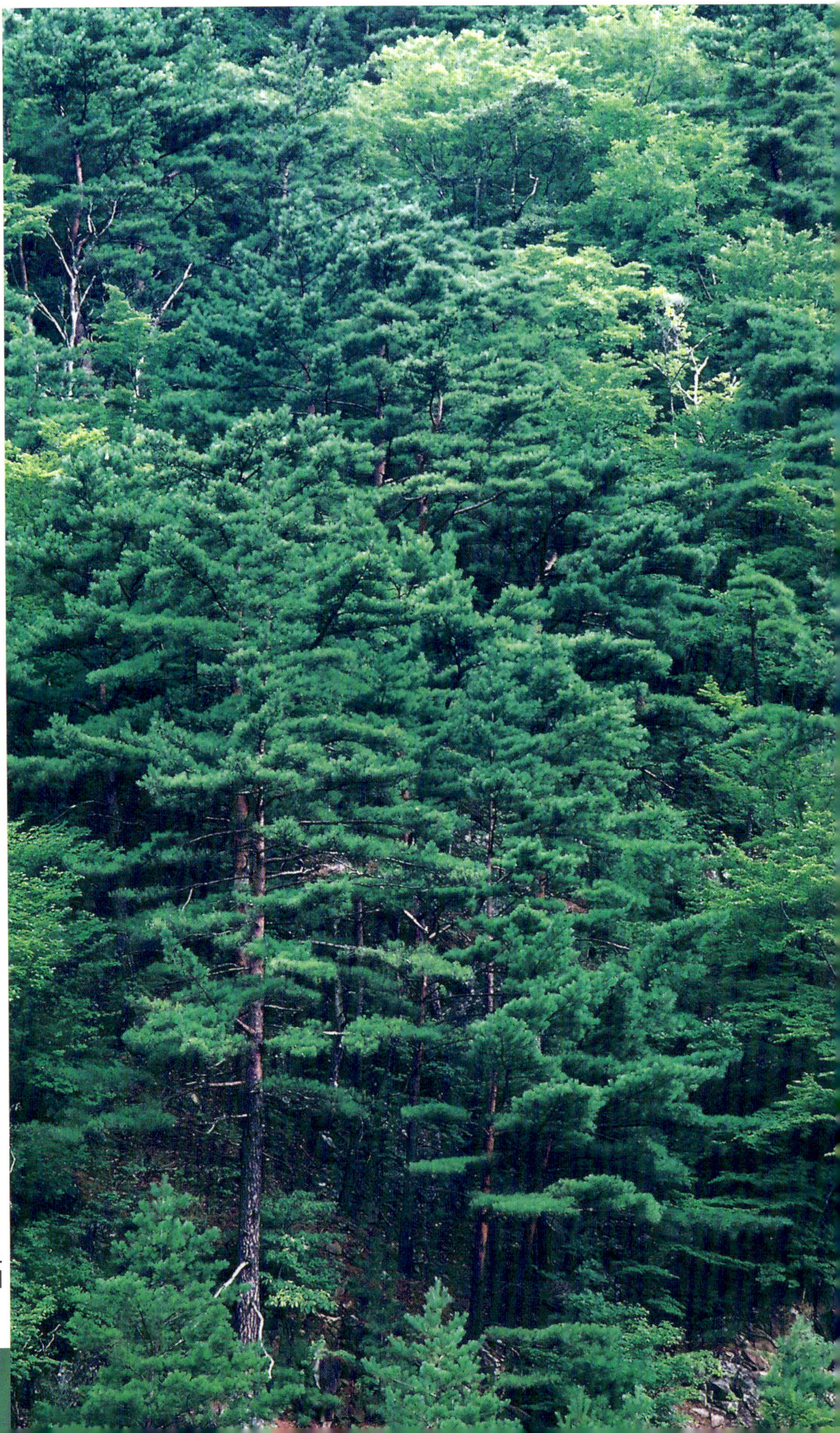

전국 각지에 분포한다
소나무숲은 전국 각지에 분포한다. 소나무와 공생관계인 버섯도 많이 있다.

【적송림】

버섯이 많이 발생하는 장소

적송림은 가장 일반적인 버섯 채취 장소. 줄기가 붉은빛으로 표고 1,000m 이하 지역에 분포한다. 가장 유명한 것은 송이인데 좀처럼 발견하기 어렵다. 낙엽 아래 묻혀 있는 경우도 많으므로 주의 깊게 찾아본다.

줄기 색이 포인트
붉게 보이는 줄기가 특징. 유감스럽지만 매년 소나무숲이 줄고 있다.

버섯 찾는 point
- 소나무숲 주변을 꼼꼼히 살핀다.
- 낙엽 아래 등도 잘 본다.
- 쓰러진 나무나 자른 나무 줄기
- 산이나 언덕 등의 길가에 있는 작은 소나무

낙엽 아래도 확인
낙엽에 묻혀 있을 때도 있다. 꼼꼼히 잘 찾아본다.

찾을 수 있는 버섯
송이, 노란띠버섯, 황소비단그물버섯, 피젖버섯, 젖버섯아재비, 꾀꼬리버섯, 흰굴뚝버섯

【소나무 혼합림】

버섯 종류가 다양

소나무와 넓은잎나무가 함께 자라는 숲은 버섯 종류도 다양하다. 표고 1,000m 부근에 많다. 나무 그루터기나 쓰러진 나무, 썩은 나무 등을 발견하면 잎에 묻혀 있는 경우도 많으므로 주변을 잘 살펴보는 것이 중요하다. 꾀꼬리버섯과 등도 채취할 생각이라면 수확량이 늘어난다.

적송이 섞여 있는 잡목림
잡목림에서 볼 수 있는 버섯 이외에 송이 등도 기대할 수 있다.

버섯 찾는 point
- 낙엽 아래도 꼼꼼히 살핀다.
- 숲 전체를 바라본다.

찾을 수 있는 버섯
회색깔때기버섯, 무리우산버섯, 젖버섯아재비

【기타】

바닷가 곰솔숲에서 찾는다

적송림 이외에 가까운 소나무숲이라면 바닷가를 따라 있는 곰솔숲. 모래 흙에서 자라는 독특한 버섯 등도 많은데, 곰솔숲에서는 여름갈고리덩이버섯(송로버섯)이 대표적이다. 모래흙에 묻혀 생식한다. 발견하면 밖으로 나와 있는 버섯뿐만 아니라 그 주변도 잘 살펴보는 것이 중요하다.

곰솔숲
바닷가를 따라 펼쳐진다. 모래흙 속에서 버섯을 찾을 수 있다.

버섯 찾는 point
- 소나무 뿌리 주변의 땅 표면
- 버섯이 자라는 주변을 꼼꼼히 살핀다.

찾을 수 있는 버섯
여름갈고리덩이버섯, 젖버섯아재비, 비단그물버섯

그물버섯과
황소비단그물버섯

별명 : ―

황소비단그물버섯

 식용에 적합

채취하는 버섯으로 인기

채취하는 버섯으로 인기 있다. 큰마개버섯(p.238)과 나란히 발생하기도 한다. 맛과 향, 씹는 맛도 좋아서 식용한다.

갓은 반구형에서 평평하게 벌어지고, 습한 환경에서는 점액이 나온다. 관공은 회색을 띤 노란색이며, 자라면 대에 내려 붙는다.

대는 황토색이며, 속이 차 있다. 조직은 결이 부드러우며, 익히면 보라색으로 변한다.

 【발생 장소】 소나무숲 땅위

 【발생 시기】 여름~가을

 【구별 방법】 갓은 황토색, 관공은 회색을 띤 노란색. 조직은 결이 부드럽고, 익히면 보라색이 된다.

 【먹는 방법】 국, 무침, 조림 등

소나무숲 땅위에 발생한다.

큰마개버섯(오른쪽)과 나란히 발생하는 것을 자주 볼 수 있다.

Cooking

버섯깨무침

한 곳에서 여러 개 발생하고, 겹치듯이 자라는 것도 있다.

갓 표면은 황토색이며, 습한 환경에서는 점액이 나온다.

오래되면 갓은 위로 젖혀지고, 관공은 대에 내려 붙는다.

갓은 반구형에서 평평하게 벌어진다. 관공은 회색을 띤 노란색.

별명 : —

그물버섯과
비단그물버섯

점액을 살려서 국이나 무침으로 이용

갓은 초콜릿 같은 적갈색이며, 습한 환경에서는 점액이 많이 나온다. 관공은 노란색이며, 어릴 때는 솜털 같은 흰색 막으로 싸여 있다. 곧 막이 벗겨져 대에 턱받이로 남는데, 자라면서 없어지기도 한다.
너무 많이 먹으면 중독되는 경우가 있으므로 주의하며, 먹을 때는 데쳐서 물은 버리고 조리한다. 국이나 무침으로 좋다.

 【발생 장소】 소나무숲이나 소나무를 심은 땅 위

 【발생 시기】 여름~가을

 【구별 방법】 적갈색. 습한 환경에서는 점액이 많이 나온다. 대에 턱받이가 남는 것이 있다.

 【먹는 방법】 반드시 데쳐서 물은 버리고 조리한다.

갓은 초콜릿 같은 적갈색.

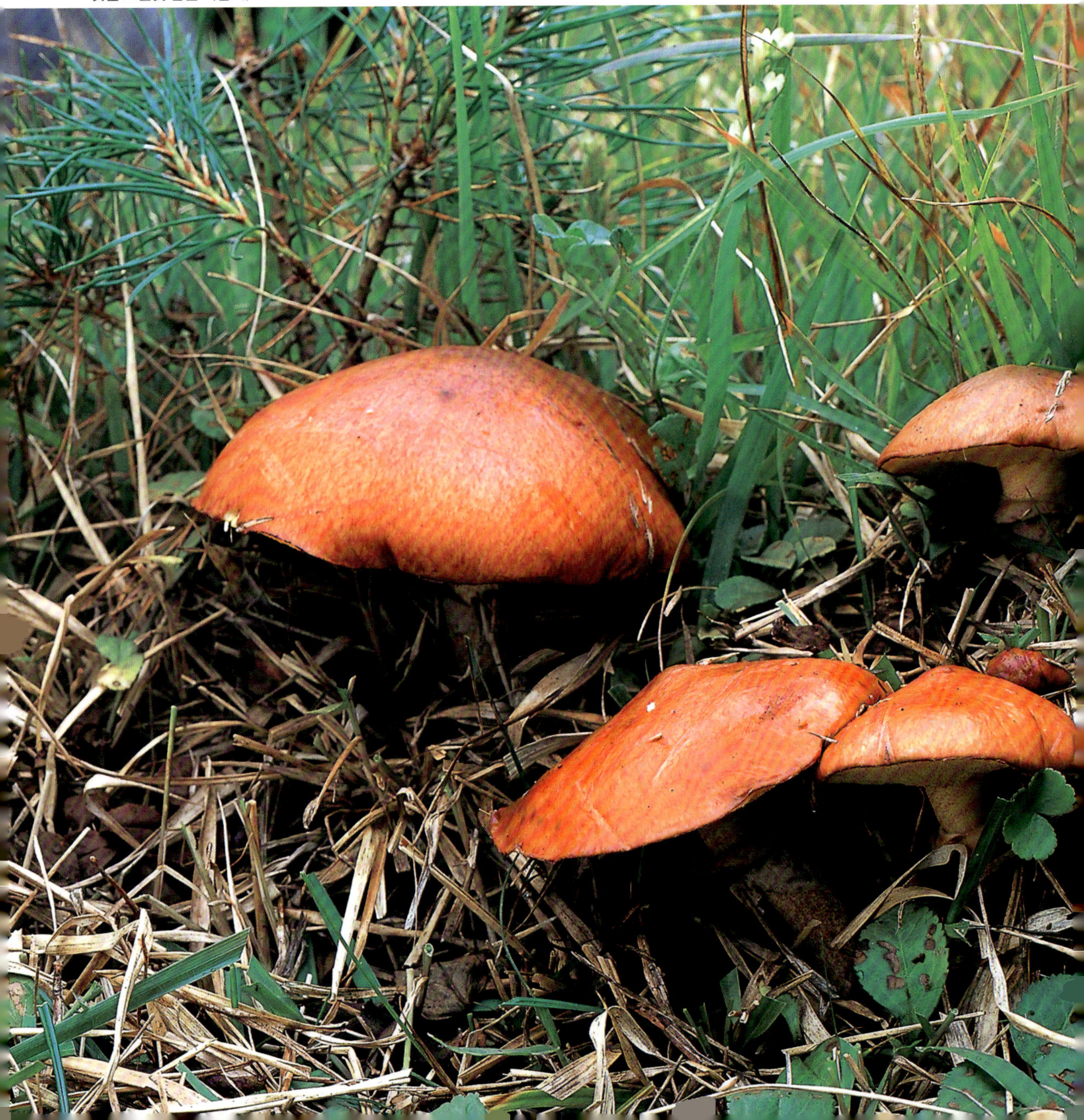

Cooking

비단그물버섯 된장무침

관공은 노란색.

어릴 때는 갓이 반구형.

갓은 나중에 위로 젖혀지고, 관공은 대에 내려 붙는다.

어릴 때는 관공이 솜털 같은 흰색 막에 싸여 있다.

막은 벗겨지면 갓 가장자리나 대에 남는다. 대에는 알갱이모양의 무늬가 있다.

습한 환경에서는 갓에 점성이 강한 점액이 나온다.

219

별명 : –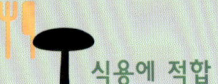

그물버섯과
큰그물버섯

많은 양을 채취할 수는 없지만 맛과 향이 좋은 버섯

갓은 반구형에서 평평하게 벌어지고, 옅은 빨간색이다. 관공은 노란색이고, 조직은 옅은 노란색이지만 상처 부분은 파란색으로 변한다.
수확량이 적고, 색이 화려하며, 여름에 발생하는 등의 이유로 일반적으로 식용할 수는 없지만 맛과 향은 좋은 버섯이다.
어린 버섯은 소테나 튀김, 갓이 너무 많이 핀 것은 소스의 베이스로 이용하면 좋다.

 【발생 장소】 소나무숲이나 혼합림의 땅위

 【발생 시기】 여름~가을

 【구별 방법】 갓 표면은 옅은 빨간색. 관공은 노란색이며, 상처가 나면 파란색으로 변한다.

 【먹는 방법】 볶음, 튀김, 소스의 베이스 등

갓은 표면이 옅은 빨간색으로 두툼하다.

유균.

관공은 노란색. 상처 부분은 파란색으로 변한다.

대는 속이 차 있다. 조직은 옅은 노란색이며, 상처가 나면 파란색이 된다.

대는 표면에 빨간색 그물무늬가 있다. 밑동은 조금 빨간색.

갓은 두껍고, 대는 굵다. 전체적으로 통통한 느낌.

221 붉은비단그물버섯

별명 : －

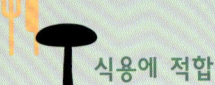
식용에 적합

그물버섯과
붉은비단그물버섯

갓 표면이 불규칙하게 갈라진다

갓 표면이 부드러운 인편으로 덮여 있고, 자라면서 갈라진다. 관공은 황갈색이며, 어릴 때는 솜털 같은 막에 싸여 있다. 막은 자라면서 벗겨져 대에 턱받이로 남고, 턱받이 아래쪽 대는 인편으로 덮여 있다. 조직은 유백색이며, 상처가 난 부분은 금방 빨간색으로 변한다. 점액을 살려서 국이나 전골 등을 만들면 좋다.

 【발생 장소】 오엽송류의 숲속 땅위

 【발생 시기】 여름~가을

 【구별 방법】 갓은 표면이 인편으로 덮이고, 자라면서 갈라진다. 대에도 인편이 있다.

 【먹는 방법】 국, 전골, 무침, 조림 등

자라면 갓 표면이 불규칙하게 갈라진다. 관공을 싸고 있는 막은 벗겨져 대에 남는다.

갓은 찐빵모양에서 평평하게 벌어진다.

관공은 옅은 황갈색. 턱받이 아래쪽 대는 인편으로 덮여 있다.

그물버섯과
젖비단그물버섯

별명 : —

 독성

젖비단
그물버섯

드물게 중독되기도 하므로 주의한다

갓은 적갈색이며, 습한 환경에서는 점액이 많이 나온다.
어린 버섯은 관공에서 옅은 노란색 유액이 나온다. 관공은 어릴 때는 유백색이고, 자라면 노란색을 띤다. 대는 옅은 노란색으로 밑동이 조금 굵고, 속은 차 있다. 조직은 흰색이다.
국이나 조림으로 이용하지만, 중독되므로 먹지 않는 것이 좋다.

 【발생 장소】 소나무숲이나 심어놓은 소나무 주변 땅위

 【발생 시기】 여름~가을

 【구별 방법】 갓은 적갈색이며, 습한 환경에서는 점액이 나온다. 어린 버섯은 관공에서 유액이 나온다.

 【먹는 방법】 독이 있으므로 식용하지 않는다.

관공은 어릴 때는 유백색이고, 자라면 노란색을 띤다.

대는 밑동이 조금 굵고, 속은 차 있다. 조직은 흰색.

갓은 찐빵모양에서 평평하게 벌어진다.

갓은 적갈색. 어릴 때는 찐빵모양.

별명 : ―

송이과
송이

송이 🍴 식용에 적합

맛과 향이 특별한 최고의 버섯
주로 적송림 땅위에 발생하지만 곰솔이나 좀솔송나무, 솔송나무, 가문비나무, 눈잣나무 등의 아래에서도 발생한다.

유균일 때는 갓이 공모양이고, 자라면 찐빵모양이었다가 평평하게 벌어지며, 마지막에는 위로 젖혀진다. 어리고 신선한 버섯은 재배한 버섯보다 전체적으로 흰색이다.

갓이 피면 향이 나므로 향이 나는 주변을 찾으면 볼 수 있다.

 [발생 장소] 주로 적송림 땅위

 [발생 시기] 여름 ~ 가을

 [구별 방법] 어리고 신선한 송이는 재배한 송이보다 흰색을 띤다. 갓이 피면 향이 난다.

 [먹는 방법] 밥, 국, 구이 등

> ● 버섯이야기
> 송이는 최고의 버섯이다. 매우 비싸기 때문에 많이 먹을 기회는 별로 없지만, 송이만 배불리 먹으면 구토 증상이 나타나기도 한다. 또, 오래되면 표면에 다른 균이 번식하여 중독 원인이 되므로 신선할 때 이용한다.

주름살은 빽빽. 턱받이 아래쪽 대는 인편으로 덮여 있다.

유균은 공모양.

갓 표면은 갈색 섬유모양의 인편으로 덮인다.

Cooking

송이죽

오래되면 주름살이 갈색이 된다. 갓은 위로 젖혀진다.

줄을 짓거나 원을 그리듯이 발생(균륜)하는 것이 많다.

갓이 피면 송이 냄새가 난다.

주름살은 어릴 때는 막에 싸여 있다. 자라면 막이 벗겨져서 대에 턱받이로 남는다.

송이아재비

송이과

밑동이 가늘고 뾰족하다

송이보다 조금 작고, 갓은 반구형에서 찐빵모양이 되었다가 평평하게 벌어진다. 표면은 갈색 인편으로 덮여 있다.
어릴 때는 막이 주름살을 싸고 있는데, 곧 벗겨져서 대에 턱받이로 남는다. 대는 턱받이 아래쪽에 인편이 있고, 밑동이 가늘다.
송이와 매우 비슷하지만, 송이 같은 향은 없다. 조림이나 볶음으로 이용하면 좋다.

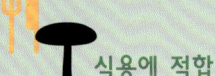
식용에 적합

【발생 장소】 적송림이나 적송이 자라는 잡목림

【발생 시기】 가을

【구별 방법】 송이와 비슷하지만, 향은 없다. 갓에 갈색 인편이 있다. 대는 밑동이 가늘다.

【먹는 방법】 조림, 볶음 등

대는 밑동이 가늘다.
갓은 반구형에서 찐빵모양이 되었다가 평평하게 벌어진다.

갓 표면과 대의 턱받이 아래쪽은 인편으로 덮여 있다. 주름살은 빽빽.

송이과
큰전나무버섯

찐빵모양에서 평평하게 벌어진다.

대는 밑동이 가늘다.

갓은 마지막에 위로 젖혀진다. 유균은 반구형.

별명 : —

식용에 적합

225 큰전나무버섯

- 【발생 장소】 분비나무 등 약간 고지대 침엽수림의 땅위
- 【발생 시기】 여름~가을
- 【구별 방법】 갓은 회색을 띤 갈색. 조직은 흰색으로 두껍고, 단단하게 차 있다. 대는 밑동이 가늘다.
- 【먹는 방법】 국, 전골, 튀김 등

대형 버섯으로 튼튼해 보인다

갓 지름이 40㎝, 키 50㎝나 되는 버섯으로 튼튼해 보인다. 대에 뚜렷하게 턱받이가 있다.

조직은 꽉 차 있어서 씹는 맛이 있고, 조금 쓴맛이 있다.

송이과
맛솔방울버섯

갓은 어릴 때는 흰색, 오래되면 갈색.

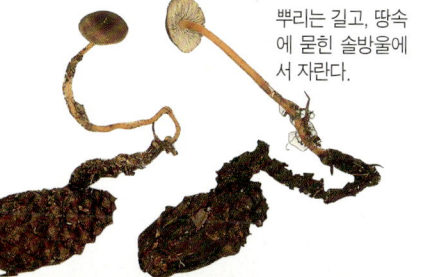
뿌리는 길고, 땅속에 묻힌 솔방울에서 자란다.

주름살은 빽빽하고, 큰 주름살 사이에 작은 주름살이 있다. 대는 황토색.

별명 : —

식용에 부적합

226 맛솔방울버섯

- 【발생 장소】 낙엽이나 땅속에 묻힌 솔방울
- 【발생 시기】 가을
- 【구별 방법】 갓은 어릴 때는 흰색이고, 나중에 갈색. 대는 황토색으로 가늘지만 단단하다.
- 【먹는 방법】 식용에 부적합하다.

솔방울에서 발생한다

땅속에 묻힌 오래된 솔방울에서 발생한다. 갓은 찐빵모양에서 평평하게 벌어지고, 오래되면 위로 젖혀진다.

먹을 수 있지만 식용 가치는 없다.

227 별명 : —

송이과
금버섯

 【발생 장소】 소나무숲이나 혼합림의 땅위

 【발생 시기】 가을

 【구별 방법】 전체가 황갈색이다. 갓은 표면에 작은 인편이 있다. 주름살은 빽빽.

 【먹는 방법】 독이 있으므로 식용하지 않는다.

갓은 황갈색. 표면에 작은 비백무늬 인편이 있다.

최근에 중독 사례가 있으며, 쓴맛이 있다

갓은 찐빵모양에서 거의 평평하게 벌어진다. 황갈색이며, 표면에는 작은 비백무늬(붓으로 살짝 스친 것 같은 잔무늬)의 인편이 있다.

늦가을 바닷가 소나무숲에 발생하는 해송송이와 비슷해서 생김새로는 거의 구별할 수 없다. 금버섯은 대도 주름살도 황갈색인 점이 다르다.

최근 이 종류 중에 중독 사례가 있으므로 먹지 않도록 한다.

주름살도 황갈색으로 빽빽하고, 큰 주름살 사이에 작은 주름살이 있다.

대는 속이 차 있다. 조직은 흰색.

대는 밑동이 조금 굵다. 표면에는 섬유모양의 무늬가 있다.

갓은 찐빵모양에서 거의 평평하게 벌어진다.

오래되면 갓이 위로 젖혀지고, 가장자리가 잘 갈라진다.

 식용에 적합

별명 : —

송이과
붉은송이

씹는 맛이 매우 좋고, 간장조림 등에 어울린다

갓은 적갈색으로 큰 것은 10㎝ 이상 된다. 주름살은 흰색에서 옅은 갈색으로 조금 성기고, 물결모양인 것도 있다.
소나무 밑동이나 그 주변에 줄지어 나거나 원을 그리듯이 발생하는 것이 비교적 많다.
조직은 씹는 맛이 매우 좋은 것이 특징이다. 조금 쓴맛이 있는 것도 있다.
다시마와 함께 간장조림을 하면 좋다.

 【발생 장소】 소나무 밑동과 그 주변

 【발생 시기】 가을

 【구별 방법】 갓은 적갈색으로 10㎝ 이상 되는 것도 있다. 주름살은 흰색에서 옅은 갈색.

 【먹는 방법】 간장조림 등

갓은 적갈색.

주름살은 흰색에서 옅은 갈색. 조금 성기고, 물결모양인 것도 있다.

대는 굵고 단단하다. 표면에 섬유모양의 무늬가 있다.

갓은 어릴 때는 반구형이며, 가장자리가 아래로 말린다. 자라면 거의 평평해진다.

줄을 짓거나 원을 그리듯이 발생(균륜)하는 것도 많다.

별명 : ―

담갈색송이

송이과

식중독을 일으키는 버섯 트리오 중 하나

겉보기에는 독이 있어 보이지 않아 잘못 알고 먹을 수 있는데, 삿갓외대버섯(p.180), 화경버섯(p.76)과 함께 '버섯 식중독 트리오의 하나'로 알려질 정도로 중독 사례가 많은 버섯이다.

갓은 적갈색으로 습한 환경에서는 점액이 나오고, 마르면 광택이 난다. 주름살은 흰색이지만 오래되면 갈색 얼룩이 생긴다. 조직은 흰색이며, 상처가 난 부분은 옅은 갈색으로 변한다.

【발생 장소】소나무숲이나 혼합림의 땅위

【발생 시기】가을

【구별 방법】갓은 습한 환경에서는 점액이 나오고, 마르면 광택이 난다.

【먹는 방법】독이 있으므로 식용하지 않는다.

적갈색으로 보기에는 독이 없어 보이지만 독이 있다.

대는 표면에 섬유모양의 무늬가 있다.

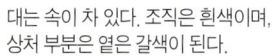

대는 속이 차 있다. 조직은 흰색이며, 상처 부분은 옅은 갈색이 된다.

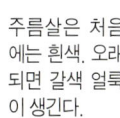

주름살은 처음에는 흰색. 오래 되면 갈색 얼룩이 생긴다.

건조하면 갓에 광택이 난다.

갓은 반구형에서 찐빵모양으로 벌어지고, 마지막에는 거의 평평하게 된다.

별명 : —

솔버섯  독성

송이과
솔버섯

 【발생 장소】 소나무 등의 바늘잎나무 그루터기나 흙에 묻힌 나무 등

 【발생 시기】 여름~가을

 【구별 방법】 갓은 노란색이며 작은 적갈색 인편으로 덮여 있다. 주름살은 노란색이며 빽빽하다. 조직은 얇다.

 【먹는 방법】 독이 있으므로 식용하지 않는다.

독성이 있으므로 식용하지 않는다

갓 표면은 노란색이며, 작은 적갈색 인편으로 덮여 있다. 주름살은 노랗고 빽빽하며, 갓은 크지만 조직이 얇다.

식용하기도 하지만, 체질에 따라 중독될 수 있다. 대량 채취할 수 있는 버섯도 아니며, 위험을 무릅쓰고 먹을 정도의 가치도 없으므로 먹지 않는다.

오래되면 가장자리가 위로 젖혀진다.

갓은 어릴 때는 찐빵모양에서 원뿔모양이 된다.

인편은 갓 전체를 덮고, 가운데에 빽빽하다.

갓이 피면 가장자리에서 속살이 보여 노란색을 띤다.

갓은 작은 적갈색 인편으로 덮여 있다.

무당버섯과
노란젖버섯

별명 : —

 독성

노란젖 버섯

상처에서는 흰색 유액이 나오며, 금방 노란색으로 변색

갓은 가운데가 오목한 찐빵모양에서 깔때기모양이 된다.
표면은 황갈색으로 조금 녹색을 띠는 것도 있으며, 나이테 같은 무늬가 있다. 상처에서 흰색 유액이 나오는데, 공기와 만나면 바로 노란색으로 변한다. 대는 어릴 때는 옅은 황갈색이지만, 오래되면 갈색 얼룩이 생긴다.
매운맛이 강하고, 독도 있으므로 먹지 않는다.

 【발생 장소】 잡목이 섞인 적송림의 땅위

 【발생 시기】 여름 ~ 가을

 【구별 방법】 갓에 나이테 같은 무늬가 있다. 상처 부분에서는 흰색 유액이 나오는데, 금방 노란색으로 변한다.

 【먹는 방법】 독이 있으므로 식용하지 않는다.

갓 표면에는 나이테 같은 무늬가 있다.

상처 부분에서 흰색 유액이 나오는데, 금방 노란색으로 변한다.

갓은 가운데가 오목한 찐빵모양에서 깔때기모양이 된다.

별명 : —

젖버섯아재비  식용에 적합

무당버섯과
젖버섯아재비

상처 부분이 녹색으로 변한다

갓은 가운데가 오목한 찐빵모양에서 깔때기모양으로 벌어진다. 표면에 적갈색 나이테 같은 무늬가 있다. 상처 부분에서는 빨간색 유액이 나오는데, 공기와 만나면 바로 녹색으로 변한다.
씹는 맛은 좋지 않지만 깊은 감칠맛이 있다. 국이나 버섯밥을 비롯해 다양한 요리에 이용할 수 있다.

 【발생 장소】 소나무숲속 땅위

 【발생 시기】 여름~가을

 【구별 방법】 갓에 나이테 같은 무늬가 있다. 상처 부분에서는 빨간색 유액이 나오는데, 금방 녹색으로 변색.

 【먹는 방법】 밥, 국, 구이, 조림, 튀김 등

●버섯이야기
젖버섯아재비는 예로부터 일본 사람들이 즐겨 먹던 식용버섯이다.
마쓰오 바쇼[松尾芭蕉]나 고바야시 잇사[小林―茶] 등도 하이쿠(俳句, 일본의 정형시)에서 젖버섯아재비에 대해 읊고 있다.

상처에서는 빨간색 유액이 나오는데 금방 녹색으로 변한다.

갓 가운데가 오목한 찐빵모양에서 깔때기모양이 된다.

Cooking

버섯밥

주름살은 빽빽하고, 빨간색을 띤 자주색이다.

대는 주름살과 같은 색이며 굵고 짧다.

갓 표면에는 나이테 같은 무늬가 있다. 주름살은 대에 내려 붙는다.

233 별명 : —

큰마개버섯 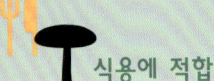 식용에 적합

못버섯과
큰마개버섯

황소비단그물버섯과 나란히 발생하기도 한다

황소비단그물버섯(p.216)과 나란히 발생하는 경우도 있다.
갓은 반구형에서 평평하게 벌어지고, 가운데가 조금 오목하다. 표면은 적갈색으로 오래되면 검은색 얼룩이 생긴다. 습한 환경에서는 점액이 나온다. 주름살은 성기고, 자라면 대에 내려 붙는다.
육질은 부드럽고, 조리하면 점액이 나와 먹는 느낌이 좋다.

 【발생 장소】 적송이나 곰솔 숲속의 땅위

 【발생 시기】 여름~가을

 【구별 방법】 갓은 오래되면 검은색 얼룩이 생긴다. 황소비단그물버섯과 나란히 발생하기도 한다.

 【먹는 방법】 국, 조림 등

갓은 적갈색. 단생 또는 군생한다.

가지튀김과 버섯조림

주름살은 성기고, 처음에는 회색인데 나중에 옅은 자주색을 띤다.

솜털모양의 턱받이는 대에 남아 있다가 곧 없어진다.

밑동은 가늘고, 조금 노란색을 띤다.

대는 표면에 인편이 있다. 속은 차 있다.

자라면 갓에 검은색 얼룩이 생기고, 주름살은 대에 내려 붙는다.

234 못버섯

별명 : —

식용에 적합

마개버섯과
못버섯

【발생 장소】 소나무숲 땅위

【발생 시기】 여름~가을

【구별 방법】 갓은 어두운 팥색. 가운데가 뾰족한 것이 많다. 주름살은 적갈색이며 성기다.

【먹는 방법】 국, 조림 등

갓 가운데가 뾰족한 것이 많다

갓은 원뿔모양에서 평평하게 벌어지고, 가운데가 뾰족한 것이 많다. 표면은 어두운 팥색이며, 습한 환경에서는 점액이 나온다.
익으면 색이 거무스름해지지만, 맛과 향이 좋아 조림 등으로 좋다.

갓은 가운데가 뾰족한 것이 많다.

대는 속이 차 있다.

주름살은 성기고, 적갈색. 자라면 대에 내려 붙는다.

---

235 침투미치광이버섯

별명 : —

독성 미확인

끈적버섯과
침투미치광이버섯

【발생 장소】 소나무 그루터기나 쓰러진 나무, 흙에 묻힌 나무 등

【발생 시기】 여름~가을

【구별 방법】 전체가 황갈색이고, 갓 가운데는 색이 짙다. 주름살은 빽빽하며, 대는 가늘고 단단하다.

【먹는 방법】 식용인지 독버섯인지 불분명하므로 식용하지 않는다.

현재 독성은 불분명

전체가 황갈색이며, 자라면 갈색이 된다. 대는 가늘고 단단하며, 섬유무늬가 있고, 밑동에는 솜털모양의 균사가 붙어 있다.
현재는 독성이 불분명하다.

전체가 황갈색. 갓 가운데는 색이 짙다.

끈적버섯과
솔미치광이버섯

별명 : —

 독성

쓴맛이 강하고 독도 있으므로 먹지 않는다

갓은 황갈색에서 다갈색으로 표면이 매끄럽다. 주름살은 노란색에서 적갈색이다. 대는 짙은 적갈색으로 섬유무늬가 있다. 소나무 등의 썩은 그루터기나 쓰러진 나무 등에 군생한다. 홀씨가 퍼져서 버섯이 자라는 곳이 적갈색이 되기도 한다.

쓴맛이 강하고, 독도 있으므로 먹지 않는다.

 【발생 장소】 소나무 등 바늘잎나무가 썩은 그루터기나 쓰러진 나무 등

 【발생 시기】 가을

 【구별 방법】 갓은 원뿔모양에서 반반구형이 되며, 표면은 매끄럽다. 주름살은 노란색에서 적갈색.

 【먹는 방법】 독이 있으므로 식용하지 않는다.

갓은 원뿔모양에서 평평한 찐빵모양의 반반구형이 되고, 마지막에 평평해진다.

갓 표면은 매끄럽다. 주름살은 빽빽. 대는 속이 비어 있다.

쓰러져 썩은 나무 등에 군생한다.

별명 : —

노란띠버섯 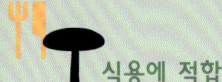 식용에 적합

끈적버섯과
노란띠버섯

갓이 피면 잘 부서진다

갓은 황토색으로 표면에 얕은 주름이 매우 많고, 자라면 지름이 15㎝ 이상 되는 것도 있다. 대는 흰색으로 섬유무늬가 있다. 대에 턱받이가 남는데 없어지는 것도 있다.

자라서 갓이 핀 것은 조직이 잘 부서지므로 조심스럽게 다룬다.

예로부터 식용해 온 버섯으로 국이나 전골 요리로 좋다.

 【발생 장소】 소나무, 좀솔송나무 등의 숲속 땅위

 【발생 시기】 가을

 【구별 방법】 갓은 황토색이며, 방사상으로 얕은 주름이 있다. 주름살은 흰색으로 나중에 적갈색이 된다.

 【먹는 방법】 마리네, 국, 전골 등

갓은 어릴 때는 반구형. 자라면 종모양으로 벌어진다.

갓은 마지막에 평평하게 벌어져서 위로 젖혀지는데, 가운데는 그대로 볼록하다.

대는 속이 차 있다. 주름살은 조금 빽빽.

대는 흰색으로 표면에 섬유무늬가 있다.

대에 턱받이가 남는데 자라면서 없어지는 것도 많다.

갓에는 방사상의 잔주름이 있다.

유균은 달걀모양.

238 별명 : ―

히그로포루스
히포테유스
소형종

식용에 적합

벚꽃버섯과
히그로포루스 히포테유스 소형종
Hygrophorus hypothejus forma pinetorum

 [발생 장소] 소나무숲 땅위

 [발생 시기] 늦가을~초겨울

 [구별 방법] 갓은 노란색에서 황갈색이고, 주름살과 대는 흰색. 습한 환경에서는 점액이 나온다.

 [먹는 방법] 국 등

시기적으로 착각할 버섯은 없다

히그로포루스 히포테유스(p.314)를 작게 만든 것 같은 버섯이다. 서리가 내리고 눈이 조금 내릴 무렵에 발생하므로, 시기적으로 다른 버섯으로 착각할 일은 없다. 때로는 언 상태로 발견되기도 한다.

갓은 노란색에서 황갈색으로, 습한 환경에서는 점액이 나온다. 주름살은 성기고 흰색. 대도 흰색이지만 부분적으로 노란색을 띤다.

국 등으로 요리하면 좋다.

갓은 지름이 1~3㎝. 노란색에서 황갈색이며, 가운데는 색이 짙다.

식용에 적합   **비슷하다!**

히그로포루스 히포테유스 소형종을 크게 만든 듯한 버섯.

히그로포루스 히포테유스 (p.314)

주름살은 흰색이며 성기다. 자라면 대에 내려 붙는다.

습한 환경에서는 갓에 점액이 나온다.

대는 흰색이며, 부분적으로 노란색을 띤다.

눈속에 꽁꽁 얼어 있는 것도 있다.

239 꾀꼬리버섯

별명 : ―

독성

꾀꼬리버섯과
꾀꼬리버섯

노란색에서 주황색의 밝은 색 갓이 인상적

갓은 노란색에서 주황색이다. 깔때기모양으로 가장자리가 물결모양이고, 오래되면 잘 갈라진다.

주름살은 갓보다 조금 옅은 색으로 성기고, 잔물결모양으로 서로 이어져 있다. 대는 갓과 같은 색이며 속이 차 있다.

유럽에서는 식용버섯으로 알려져 있지만, 독성분이 확인되었다. 비슷한 것도 많으므로 먹지 않도록 한다.

 【발생 장소】 소나무나 좀솔송나무 숲 속 땅위

 【발생 시기】 여름 ~ 가을

 【구별 방법】 갓은 깔때기모양이고, 가장자리가 물결모양. 색은 노란색에서 주황색. 주름살은 갓보다 조금 옅은 색.

 【먹는 방법】 독이 있으므로 식용하지 않는다.

주름살은 자라면서 대에 내려 붙는다. 대는 속이 차 있다.

어릴 때는 갓이 평평한데, 자라면서 가운데가 오목해진다.

갓은 깔때기모양이며, 가장자리가 물결모양.

턱수염버섯과
턱수염버섯

별명 : —

 먹는 방법에 주의

240 턱수염버섯

뒤쪽은 가시가 매우 많으며, 조직이 물러서 잘 부서진다

유럽에서는 비교적 잘 알려진 버섯이다.

갓 표면이 매끄러운데, 뒤쪽에는 가시가 빽빽하게 매우 많이 나 있다. 조직은 물러서 잘 부서지므로 조심스럽게 다룬다. 채취하면 씻지 않고도 요리에 이용할 수 있도록 단단한 밑동과 티끌을 제거해둔다.

단, 독성이 확인되었으므로 데쳐서 물은 버리고 조리하며, 너무 많이 먹지 않도록 주의한다.

 【발생 장소】 소나무가 있는 잡목림의 땅위

 【발생 시기】 가을

 【구별 방법】 전체가 살구색에 가까운 노란색으로 표면이 매끄럽다. 뒤쪽은 가시가 빽빽하게 매우 많다.

 【먹는 방법】 반드시 데쳐서 물은 버리고 조리한다.

갓 표면은 매끄럽다. 뒤쪽은 가시가 빽빽하게 매우 많이 난다.

대는 속이 차 있다. 조직은 물러서 잘 부서진다.

갓은 원모양에서 위로 젖혀져 불규칙한 모양이 된다.

굴뚝버섯과
흰굴뚝버섯

별명 : 굽더덕이

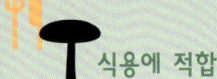 식용에 적합

약간 쓴맛으로 버섯을 잘 아는 사람들이 좋아한다

갓 표면은 미세한 털로 덮여 있고, 처음에는 옅은 회색이지만 점차 검은색이 된다. 관공은 흰색. 상처 부분은 적갈색으로 변한다.

지방에 따라서는 송이보다 비싸다. 약간 쓰며, 버섯을 잘 아는 사람들이 좋아하는 버섯이다.

손으로 찢어서 노릇노릇하게 구운 후 무를 갈아서 함께 2배식초로 무치면 술안주로 안성맞춤이다.

 【발생 장소】 소나무나 좀솔송나무숲, 소나무가 있는 잡목림 땅위

 【발생 시기】 가을

 【구별 방법】 갓 표면이 미세한 털로 덮여 있다. 관공과 조직은 흰색. 상처 부분은 적갈색으로 변색.

 【먹는 방법】 밥, 국, 무침, 튀김, 구이, 볶음

갓 표면은 옅은 회색에서 검은색이며, 미세한 털로 덮여 있다.

Cooking

흰굴뚝버섯초무침

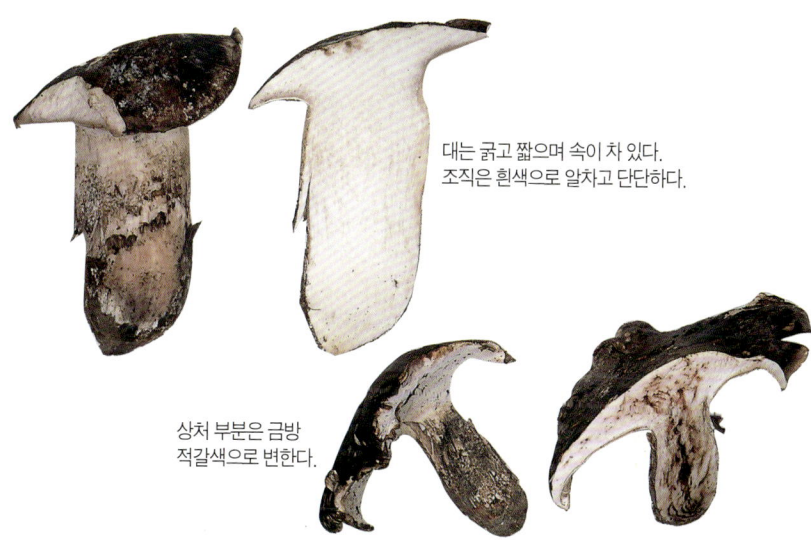

갓은 자라면 평평하게 벌어지고, 불규칙하게 위로 젖혀진다.

대는 굵고 짧으며 속이 차 있다.
조직은 흰색으로 알차고 단단하다.

상처 부분은 금방
적갈색으로 변한다.

관공은 흰색. 구멍이 작은데 자라면 조금 커진다.

249

별명 : 개능이

무늬노루털버섯

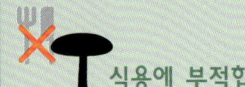
식용에 부적합

굴뚝버섯과
무늬노루털버섯

너무 써서 식용으로는 부적합

소나무숲에 군생하고, 때로는 줄을 짓듯이 발생하기도 한다.
갓은 가운데가 오목한 찐빵모양에서 평평하게 벌어지고, 불규칙하게 위로 젖혀진다. 표면은 갈색 인편으로 덮이고, 뒤쪽은 바늘처럼 잔가시가 빽빽이 나 있다. 대는 밑동이 검은색으로 가늘고, 속에는 갈색 반점이 있다.
매우 쓰며 데쳐도 쓴맛이 없어지지 않으므로 식용으로 적합하지 않다.

 【발생 장소】 소나무숲 땅위

 【발생 시기】 가을

 【구별 방법】 갓 표면에는 갈색 인편이 있고, 뒤쪽에는 바늘 같은 흰색 잔가시가 빽빽이 난다.

 【먹는 방법】 식용에 부적합하다.

갓 표면은 갈색 인편으로 덮여 있다.

갓 뒤쪽에는 잔가시가 빽빽이 난다. 대는 속에 갈색 반점이 있다. 밑동은 검은색이고 가늘다.

갓은 자라면 불규칙하게 위로 젖혀진다.

굴뚝버섯과
까치버섯

별명 : 먹버섯

243 까치버섯

식용에 부적합

갓은 거의 검은색. 갓이 겹쳐져 잎새버섯 같은 모양이 된다.

- 【발생 장소】 소나무 등의 침엽수림이나 활엽수림 땅위
- 【발생 시기】 가을
- 【구별 방법】 잎새버섯 같은 모양이며, 거의 검은색. 마르면 약품 같은 냄새가 난다.
- 【먹는 방법】 식용에 부적합하다.

잎새버섯 같은 모양이며, 색은 거의 검은색

잎새버섯(p.186) 같은 모양이다. 갓 표면은 거의 검은색. 뒤쪽의 주름살은 조금 회색을 띠며, 잔물결모양이다. 약품 냄새가 나서 식용으로는 적합하지 않다.

턱수염버섯과
살갗갈색깔때기버섯

별명 : —

244 살갗갈색 깔때기 버섯

식용에 부적합

갓 가장자리는 파란색을 띠고, 표면은 털가죽처럼 털이 있다.

뒤쪽에는 바늘 같은 가시가 빽빽하게 매우 많다.

- 【발생 장소】 소나무 등 침엽수림 땅위
- 【발생 시기】 여름 ~ 가을
- 【구별 방법】 어릴 때는 갓 가장자리가 파란색을 띤다. 표면은 털가죽 같고, 뒤쪽은 가시가 빽빽이 난다.
- 【먹는 방법】 식용에 부적합하다.

성장 중인 버섯은 갓 둘레가 파란색

성장하고 있는 어릴 때는 갓 둘레가 파란색을 띠는 것이 특징이다.
갓 표면은 털이 나 있어 털가죽 같다. 뒤쪽에는 바늘 같은 가시가 빽빽하게 매우 많다.

245 별명 : —

꽃송이버섯 식용에 적합

꽃송이버섯과
꽃송이버섯

【발생 장소】 소나무, 일본잎갈나무, 솔송나무 등의 그루터기나 밑동

【발생 시기】 여름~가을

【구별 방법】 꽃잎처럼 얇은 갓이 모여서 꽃양배추 같은 모양이 된다. 흰색에서 옅은 노란색이다.

【먹는 방법】 초무침 등의 무침, 볶음 등

얇은 갓이 모여서 꽃양배추처럼 된다

꽃잎처럼 얇은 갓이 모여서 꽃양배추 같은 모양이 된다. 땅위에 발생한 것은 멀리서 보면 토끼처럼 보인다. 어릴 때는 흰색인데, 곧 옅은 노란색을 띤다.

오래되면 씹는 맛이 나쁘고 냄새도 걱정되므로 가능하면 어릴 때 먹는 것이 좋다. 특별한 맛이나 향이 없으며, 초무침이나 볶음 등으로 좋다.

멀리서 보면 토끼처럼 보인다.

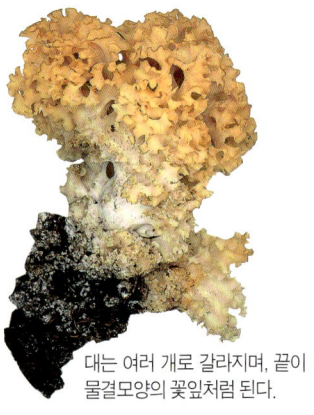
대는 여러 개로 갈라지며, 끝이 물결모양의 꽃잎처럼 된다.

오래되면 씹는 맛이 나쁘고, 냄새도 걱정된다.

꽃잎처럼 얇은 갓이 모여 꽃양배추 같은 모양이 된다.

구멍장이버섯과
한입버섯

별명 : —

식용에 부적합

246
한입버섯

표면은 갈색으로 반들반들하고, 뒤쪽은 흰색에서 옅은 갈색

대합 같은 모양이며, 표면은 갈색에서 황토색으로 광택이 있다. 뒤쪽은 처음에는 표면처럼 광택이 있지만, 나중에는 껍질이 벗겨지고 흰색에서 옅은 갈색이 된다.

뒤쪽의 밑동 가까이에서 구멍이 벌어져 여기에서 홀씨가 나오며, 말린 생선 같은 냄새가 난다.

크기는 딱 한입 크기인 2~3㎝인데, 식용으로는 적합하지 않다.

 【발생 장소】 적송 등이 말라 죽은 나무 줄기

 【발생 시기】 여름~가을

 【구별 방법】 대합 같은 모양. 표면은 갈색으로 광택이 있다. 말린 생선 같은 냄새가 난다.

 【먹는 방법】 식용에 부적합하다.

대합 같은 모양. 크기는 2~3㎝의 한입 크기.

표면은 갈색에서 황토색으로 광택이 있다. 뒤쪽은 옅은 갈색으로 거칠거칠하다.

밑동 가까이에서 구멍이 벌어지고, 여기에서 홀씨가 나온다. 말린 생선 같은 냄새가 난다.

광대버섯과
독우산광대버섯

순백색으로 아름답지만, 세계적으로 유명한 독버섯

잘못 알고 먹으면 반드시 사망하는 맹독성 버섯이다. 세계에서 중독 사례가 많고, 순백색으로 아름답기 때문에 '죽음의 천사'라 불린다.
갓은 달걀모양에서 거의 평평하게 벌어진다. 대에는 막 같은 모양의 턱받이가 있고, 턱받이 아래는 인편으로 덮어 있다. 밑동에는 큰 주머니모양의 대주머니가 있다.

◯ 순백색으로 곧게 뻗은 모습이 아름답지만 맹독성이다.

별명 : -

 독성

 【발생 장소】 소나무 등의 침엽수림이나 활엽수림 땅위

 【발생 시기】 여름 ~ 가을

 【구별 방법】 대는 표면에 인편이 있고, 위에는 턱받이, 밑동에는 큰 대주머니가 있다.

 【먹는 방법】 독이 있으므로 식용하지 않는다.

독우산광대버섯

대에는 막 같은 모양의 턱받이가 있고, 턱받이 아래는 인편으로 덮어 있다.

밑동에 대주머니가 있는데, 숨어 있어 안 보일 수 있으므로 잘 확인한다.

어릴 때는 갓이 원뿔모양이다.

갓 발생한 독우산광대버섯. 조직도 흰색.

큰 대주머니를 찢고 나온다.

248 마귀광대버섯

별명 : ―

독성

광대버섯과
마귀광대버섯

구토나 환각성 중독을 일으키므로 주의

광대버섯(p.296)을 갈색으로 만든 것 같은 버섯으로, 독성이 강하고 중독 증상도 비슷하다. 전에는 식용하던 붉은점박이광대버섯(p.176)과 비슷해서 좀처럼 구별이 안 된다.

갓은 반구형에서 거의 평평하게 벌어지고, 갈색에 흰색 돌기가 있다. 대 중간쯤에 막 같은 모양의 턱받이가 있고, 턱받이 아래에는 작은 인편이 있다. 밑동은 알뿌리모양으로 불룩하다.

[발생 장소] 소나무 등의 침엽수림이나 활엽수림 땅위

[발생 시기] 여름 ~ 가을

[구별 방법] 갓은 갈색이며 흰색 돌기가 있다. 밑동이 알뿌리처럼 불룩하다. 막과 같은 턱받이가 있다.

[먹는 방법] 독이 있으므로 식용하지 않는다.

독성 비슷하므로 주의!

전에는 식용했지만 최근에 독성분이 확인되어 식용하지 않는다.

붉은점박이광대버섯 (p.176)

자라면 갓이 원뿔모양에서 거의 평평하게 벌어지고, 조금 위로 젖혀진다.

갓은 표면에 흰색 돌기가 있다. 어릴 때는 반구형이다.

숲속 땅위에 군생한다.

일본잎갈나무숲에 발생하는 버섯

chapter 4

일본잎갈나무숲에 발생하는 버섯

바늘잎나무이면서도 겨울이 되면 잎이 지는 일본잎갈나무.
버섯 종류는 적지만 숲속을 걷기가 쉬우므로 초보자가 버섯을 채취하기에 좋다.

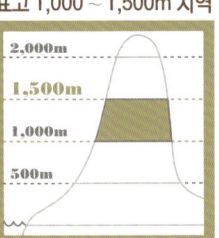
표고 1,000 ~ 1,500m 지역

가을철 일본잎갈나무숲에는 뭔가가 있다
일본잎갈나무숲은 가을이 되면 노란색이나 흰색 버섯을 볼 수 있다.

【일본잎갈나무숲】

습기가 많고 버섯 발생량이 많다

일본잎갈나무숲은 습기가 많고, 버섯 종류는 적지만 발생량이 많은 것이 특징이다. 또한 조성된 숲도 많고, 비교적 걷기 쉬우므로 가족 동반을 해도 좋다.

일본잎갈나무는 바늘잎나무임에도 불구하고 겨울에는 낙엽이 지므로 다른 소나무 종류들과는 다른 버섯을 볼 수 있다. 일본잎갈나무숲은 일본 홋카이도나 나가노[長野] 현에 많으며, 우리나라에도 각지에 있다.

대표적인 버섯은 큰비단그물버섯이지만 노란털벚꽃버섯, 배불뚝이깔때기버섯 등도 발생한다.

일본잎갈나무숲
조성된 일본잎갈나무숲은 잘 정돈된 풍경이다.

버섯 찾는 point

- 비교적 찾기 쉽다.
- 제철을 놓치지 않는다.
- 이끼가 많은 곳을 찾는다.

찾을 수 있는 버섯

노란털벚꽃버섯, 배불뚝이깔때기버섯, 쉴루스 스펙타빌리스 Suillus spectabilis, 큰비단그물버섯, 녹슬은비단그물버섯, 개암버섯

나무 밑에 잡초가 무성하지 않다
일본잎갈나무숲은 잡초가 덜 우거져서 비교적 걷기 편하므로 버섯을 찾기 쉽다.

일본잎갈나무숲에 발생한 개암버섯
나무와 공생관계가 아닌 버섯은 일본잎갈나무숲에도 발생한다. 버섯 채취가 한창일 때부터 늦가을까지 오랫동안 수확할 수 있다.

249 별명 : —

황금그물버섯  식용에 적합

그물버섯과
황금그물버섯

갓 표면이 스웨이드 같은 감촉

갓은 처음에는 조금 원뿔모양이고, 나중에 찐빵모양이 되었다가 평평하게 벌어진다. 표면에 점액이 없고, 섬유 같은 가는 인편으로 덮여 있어 스웨이드 같은 감촉이다.

관공은 노란색으로 성기고, 자라면 대에 내려 붙는다. 대에 턱받이가 있고, 속이 비어 있으며, 때때로 물이 고여 있다.

조직이 얇은 데 비해 씹는 맛이 좋다.

 【발생 장소】 일본잎갈나무숲 등의 땅위

 【발생 시기】 가을

 【구별 방법】 갓에는 점액이 없고, 스웨이드모양. 관공은 노란색. 대는 턱받이가 있고, 속이 비어 있다.

 【먹는 방법】 국, 볶음 등

갓은 처음에는 원뿔모양. 나중에 찐빵모양이 되었다가 평평하게 벌어진다.

Cooking

산채버섯덮밥

대는 속이 비어 있다.

대에 턱받이가 있고, 턱받이 아래는 섬유 같은 인편으로 덮여 있다.

갓 표면은 섬유모양의 가는 인편으로 덮여 스웨이드 같은 감촉.

관공은 성기고, 방사상으로 나란하다. 어릴 때는 노란색.

오래되면 관공이 회갈색이 된다.

자라면 관공이 대에 내려 붙는다.

때로는 줄지어 발생하기도 한다.

250 쉴루스 스펙타빌리스

별명 : —

먹는 방법에 주의

그물버섯과
Suillus spectabilis

쉴루스 스펙타빌리스

갓에 적갈색 인편이 있다

갓 표면은 황토색이고, 적갈색 인편이 있다. 습한 환경에서는 점성이 강한 점액이 나온다.

어릴 때는 막이 관공을 덮고 있지만, 자라면 벗겨져서 검은색 찢어진 헝겊처럼 되어 대에 남는다.

식용할 때는 데친 후 물을 버리고 조리하며, 많이 먹지 않도록 한다. 감칠맛과 점액을 살려 냄비우동 등에 넣으면 좋다.

[발생 장소] 일본잎갈나무숲이나 일본잎갈나무가 있는 잡목림 땅위, 나무 그루터기, 쓰러진 나무 등

[발생 시기] 여름~가을

[구별 방법] 갓은 황토색으로 적갈색 솜털모양의 인편이 있다. 습한 환경에서는 점액이 나온다.

[먹는 방법] 반드시 데쳐서 물은 버리고 조리한다.

갓 표면은 황토색이며 적갈색 인편이 있다.

대는 표면에 가는 갈색 인편이 있다.

관공은 어릴 때는 옅은 노란색. 오래되면 갈색이 된다.

자라면 막이 벗겨져서 찢어진 헝겊처럼 되어 대에 남는다.

어릴 때는 막이 관공을 덮고 있다.

그물버섯과
녹슬은비단그물버섯

별명 : —

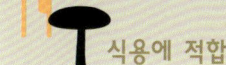

251 녹슬은 비단그물버섯

상처가 나기 쉬우므로 가능하면 신선할 때 이용한다

갓과 대에 모두 점액이 있다. 관공은 성기고, 어릴 때는 흰색이지만 자라면 회색이 된다. 대에는 뚜렷하지 않으나 턱받이가 남아 있다. 속은 차 있고, 밑동이 조금 파란색을 띤다.
조직은 부드럽고 상처가 나기 쉬우므로, 가능하면 신선할 때 이용한다. 점액을 살려 국이나 무침 등을 하면 좋다.

◎ 한 장소에 여러 개씩 발생하는 것이 많다.

 【발생 장소】 습기가 많은 일본잎갈나무숲 땅위

 【발생 시기】 여름~가을

 【구별 방법】 갓과 대에 모두 점액이 있다. 자르면 밑동이 조금 파란색이 된다.

 【먹는 방법】 국, 무침, 전골 등

Cooking

버섯수제비

자란 버섯은 육질이 부드럽고 수분이 많아 상처가 잘 난다.

식용할 때는 가능하면 어리고 신선한 버섯을 이용한다.

갓과 대에 모두 점액이 있다. 평평하게 벌어지지만 가운데는 조금 볼록하다.

대는 속이 차 있다. 밑동이 조금 파란 색을 띤다.

관공을 덮고 있는 막은 자라면서 벗겨져 대와 갓 가장자리에 남는다.

그물버섯과
큰비단그물버섯

큰비단그물버섯이 나오기 시작하면 한창 버섯철이다

초가을, 큰비단그물버섯이 나오기 시작하면 한창 버섯 채취 시기다.
갓은 반구형에서 거의 평평하게 벌어진다. 표면은 적갈색이며, 습한 환경에서는 점액이 많이 나온다. 대에는 턱받이가 있고, 턱받이 위는 노란색, 아래는 갈색을 띤다.
조직은 씹는 맛이 좋고, 깊은 감칠맛이 난다. 국이나 무침, 볶음 등에 좋다.

◎ 대에는 턱받이가 있고, 턱받이 위는 노란색, 아래는 갈색을 띤다.

별명 : —

식용에 적합

252
큰비단
그물버섯

【발생 장소】 일본잎갈나무숲 등의 땅위

【발생 시기】 가을

【구별 방법】 갓은 적갈색이며, 습한 환경에서는 점액이 많이 나온다. 관공과 대는 선명한 노란색.

【먹는 방법】 국, 무침, 볶음 등

자라면 갓이 평평하게 벌어지고, 오래되면 가장자리가 위로 젖혀진다.

어릴 때는 갓이 반구형.

Cooking

버섯우동

대는 속이 차 있다. 조직은 옅은 노란색.

군생하는 경우도 많고 수확량도 많아서 채취하는 버섯으로 인기 있다.

습한 환경에서는 갓에 점액이 많이 나오고, 색이 더욱 선명해 보인다.

253 별명 : ―

방망이 황금그물 버섯  식용에 부적합

그물버섯과
방망이황금그물버섯

갓은 선명하고 짙은 주홍색이며, 관공은 노란색

갓은 처음에는 조금 원뿔모양에서 평평하게 벌어지지만, 가운데는 볼록하다. 표면은 선명한 주홍색이며, 섬유모양의 가는 인편으로 덮여 있다.
관공은 구멍이 방사상으로 줄지어 있으며, 어릴 때는 노란색이고 자라면 조금 회색을 띤다. 대는 표면이 주홍색과 노란색 얼룩무늬이며, 속이 차 있다. 쓴맛이 강한 것이 있어 식용으로는 적합하지 않다.

 【발생 장소】 일본잎갈나무숲 등의 땅위

 【발생 시기】 늦여름~초가을

 【구별 방법】 주홍색이며, 섬유모양의 가는 인편이 있다. 관공은 노란색이며, 구멍이 방사상으로 줄지어 있다.

 【먹는 방법】 식용에 부적합하다.

갓은 주홍색이며, 섬유모양의 인편으로 덮여 있다.

어릴 때는 관공이 막으로 싸여 있다. 막은 벗겨지면 갓 가장자리나 대에 남는다.

자라면 갓은 거의 평평하게 벌어진다. 주름살은 대에 내려 붙는다.

관공은 성기고, 구멍이 방사상으로 줄지어 있다. 오래되면 회색을 띤다.

대는 속이 차 있다. 조직은 옅은 노란색을 띤다.

대는 주홍색과 노란색 얼룩무늬. 밑동에는 흰색 균사가 있다. 관공은 어릴 때는 노란색.

269

 독성

송이과

배불뚝이깔때기버섯

별명 : —

술과 함께 먹으면 중독된다

갓은 깔때기모양이지만 거의 평평하고 깊게 파이지는 않는다. 표면은 옅은 회갈색이다. 주름살은 유백색으로 대에 길게 내려 붙는다. 대는 갓과 같은 색으로 밑동이 불룩하다.

몸속 알코올 분해효소 작용을 일시적으로 막기 때문에 술과 함께 먹으면 중독된다.

 [발생 장소] 일본잎갈나무숲 땅위

 [발생 시기] 가을

 [구별 방법] 갓은 옅은 회갈색으로 깔때기모양이지만 그다지 깊게 파여 있지는 않다. 대는 밑동이 불룩하다.

 [먹는 방법] 독이 있으므로 식용하지 않는다.

갓은 깔때기모양이지만 깊게 파이지는 않는다.

어릴 때는 갓 가장자리가 뒤로 말린다. 대는 밑동이 솜털모양의 균사로 덮인다.

대는 아래로 갈수록 굵어져서, 밑동이 불룩하다.

독성 비슷하므로 주의!

배불뚝이깔때기버섯과 비슷한 독버섯.

독깔때기버섯 (p.88)

줄을 짓듯이 발생하는 것도 있다.

자라면 주름살은 대에 길게 내려 붙는다.

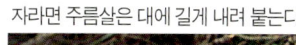

어릴 때는 가운데가 오목한 찐빵모양이다. 가운데는 색이 조금 짙다.

255 별명 : —

회색깔때기버섯

독성

송이과
회색깔때기버섯

 【발생 장소】 일본잎갈나무숲 등의 땅위

 【발생 시기】 가을

 【구별 방법】 특유의 강한 향을 풍긴다. 갓은 옅은 회색이며 매끄럽다. 대는 밑동이 굵다.

 【먹는 방법】 독이 있으므로 식용하지 않는다.

갓 표면은 옅은 회색이고, 대는 흰색으로 밑동이 굵다

갓은 찐빵모양에서 거의 평평하게 벌어진다. 표면은 옅은 회색이고, 가운데는 색이 조금 짙어진다. 주름살은 빽빽하고, 자라면 대에 내려 붙는다. 대는 흰색을 띠고, 밑동이 굵으며, 속은 차 있다.
냄새는 있지만 크고 맛이 좋아서 식용해 왔는데, 최근 식중독 사고가 있으므로 먹지 않는다.

대는 밑동이 굵다. 속은 차 있다.

주름살은 유백색으로 대에 내려 붙는다.

갓은 찐빵모양에서 거의 평평하게 벌어진다. 표면은 옅은 회색.

독청버섯과
개암비늘버섯

쓴맛이 있고, 독버섯이란 말도 있다

갓은 어릴 때는 원뿔모양이고, 자라면 가운데가 볼록한 찐빵모양으로 벌어진다. 표면은 가운데가 조금 주홍색을 띤다.
주름살은 빽빽하고, 처음에는 노란색인데 자라면서 갈색을 띤다. 대는 옅은 노란색으로 섬유모양의 인편이 있다. 조직은 주황색을 띤다.
씹으면 쓴맛이 있고, 독버섯이란 말도 있으므로 먹지 않는다.

별명 : —

256
개암비늘버섯

 【발생 장소】 일본잎갈나무 등의 바늘잎나무 그루터기나 마른나무 등

 【발생 시기】 가을

 【구별 방법】 자라면 갓 가운데가 볼록한 찐빵모양. 표면은 가운데가 주홍색을 띤다.

 【먹는 방법】 식용인지 독버섯인지 불분명하므로 식용하지 않는다.

대는 표면에 섬유모양의 인편이 있다. 속은 차 있다.

갓은 표면이 매끄럽다. 점액이나 광택은 없다.

257 별명 : -

꽈리비늘버섯 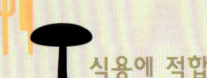 식용에 적합

독청버섯과
꽈리비늘버섯

소박한 감칠맛과 점액이 있다

갓은 적갈색으로 가장자리에 솜털모양의 인편이 있다. 습한 환경에서는 점액이 많이 나온다. 대는 표면에 섬유모양의 인편이 있고, 어릴 때는 흰색이지만 오래되면 밑동부터 갈색으로 변한다.

소박한 감칠맛과 점액을 살려서 수프나 전골을 만들거나, 또는 버섯으로 완자를 만들어 국을 끓인다.

 【발생 장소】 일본잎갈나무 등의 바늘잎나무, 넓은잎나무가 쓰러진 것이나 흙에 묻힌 나무 근처의 땅위

 【발생 시기】 가을

 【구별 방법】 갓은 적갈색으로, 가장자리에 솜털모양의 인편이 있다. 습한 환경에서는 점액이 나온다.

 【먹는 방법】 국, 전골, 무침, 조림 등

여러 숲에서 발생하는데 일본잎갈나무숲에도 많다.

Cooking

간 무와 버섯조림

습한 환경에서는 갓에 점액이 많이 나온다.

대는 표면에 섬유모양의 인편이 있고, 밑동에 흰색 균사가 있다. 속은 차 있다.

🍁 **독성** 비슷하므로 주의!

갓 표면에 인편이 없다.

담갈색송이 (p.232)

군생하는 것도 많다.

주름살은 빽빽하고, 어릴 때는 흰색이지만 나중에 갈색을 띤다.

갓은 찐빵모양에서 평평하게 벌어진다. 가장자리에는 솜털모양의 인편이 있다.

258 노랑비늘버섯

별명 : －

 독성

독청버섯과
노랑비늘버섯

- **[발생 장소]** 일본잎갈나무 등 바늘잎나무가 쓰러진 것이나 나무 그루터기
- **[발생 시기]** 여름~늦가을
- **[구별 방법]** 갓과 대 모두 선명한 노란색에서 황갈색이고, 섬유모양의 인편으로 덮여 있다.
- **[먹는 방법]** 독이 있으므로 식용하지 않는다.

최근에는 독버섯으로 취급

갓과 대가 섬유모양의 인편으로 덮여 있는 것이 특징이다. 인편은 자라면 없어진다.
전에는 독이 없는 것으로 알려졌으나, 최근에 독버섯으로 취급된다.

갓은 처음에는 원뿔모양. 나중에 찐빵모양에서 평평하게 벌어진다.

전체가 노란색에서 황갈색. 섬유모양의 인편으로 덮여 있다.

259 일본낭피버섯

별명 : －

독성 미확인

주름버섯과
일본낭피버섯

- **[발생 장소]** 일본잎갈나무나 삼나무, 대나무 등의 숲속 땅위
- **[발생 시기]** 여름~가을
- **[구별 방법]** 갓 표면은 황토색 가루로 덮여 있고, 방사상의 잔주름이 있다. 대에는 큰 턱받이가 있다.
- **[먹는 방법]** 식용인지 독버섯인지 불분명하므로 식용하지 않는다.

최근 일본에서 발생량이 매우 많다

최근 일본에서 매우 많이 발견되는 버섯으로 숲속에 줄을 짓거나 원을 그리듯이 발생한다.
갓 표면은 황토색 가루로 덮여 있고, 방사상 주름이 있다. 대에는 큰 턱받이가 있다.

갓은 어릴 때는 원뿔모양이고, 나중에 찐빵모양이 되었다가 평평하게 벌어진다.

갓 표면은 황토색 가루로 덮여 있고, 방사상의 잔주름이 있다.

주름살은 흰색으로 빽빽. 대에는 큰 턱받이가 있다.

마개버섯과
반달못버섯

대는 검은 점으로 얼룩져 있다

갓은 원뿔모양에서 평평하게 벌어진다. 표면은 회색에서 회갈색으로, 갈색 얼룩이 생기는 것이 있어 지저분해 보인다. 주름살은 성기고 회색을 띤 흰색으로, 자라면 대에 내려붙는다. 대는 표면에 검은색 알갱이가 매우 많이 있어 얼룩모양이다. 습한 환경에서는 전체에 점액이 나온다.

식용 가치는 없다.

별명 : —

식용에 부적합

260 반달못버섯

- 【발생 장소】 일본잎갈나무숲 등의 땅위
- 【발생 시기】 가을
- 【구별 방법】 갓은 회색에서 회갈색. 대에는 검은색 알갱이가 매우 많다. 습한 환경에서는 점액이 나온다.
- 【먹는 방법】 식용에 부적합하다.

갓에 갈색 얼룩이 생기기도 하여 지저분해 보인다.

대는 표면에 검은색 알갱이가 매우 많아 얼룩모양이다. 조직은 밑동이 노란색을 띤다.

오래되면 속이 비고, 조직은 갈색이 된다.

갓은 처음에는 원뿔모양이고, 나중에 찐빵모양이 되었다가 평평하게 벌어진다.

261 별명 : ―

노란털벚꽃버섯  식용에 적합

벚꽃버섯과
노란털벚꽃버섯

버섯철이 끝날 무렵에 발생하는 노란 버섯

버섯 채취가 거의 끝날 무렵에 발생하기 시작하는 노란 버섯이다.

갓은 원뿔모양에서 평평하게 벌어지고, 마지막에는 위로 젖혀진다. 습한 환경에서는 점액이 나온다.

주름살은 흰색으로 성기고, 자라면 대에 내려 붙는다. 대는 흰색으로 속이 차 있다.

색이 예쁘고 맛과 향도 좋아서 초무침 등의 무침을 하면 좋다.

 【발생 장소】일본잎갈나무숲 등의 땅위

 【발생 시기】늦가을~초겨울

 【구별 방법】갓은 노란색으로 습한 환경에서는 점액이 나온다. 주름살은 흰색이며 성기다. 대는 흰색으로 속이 차 있다.

 【먹는 방법】초무침 등의 무침 외에 국, 밥 등

유균은 갓이 원뿔모양이며, 매우 작다.

갓은 찐빵모양에서 평평하게 벌어진다.

● **버섯이야기**

노란털벚꽃버섯은 갓 지름이 2~3㎝로 작은 버섯이다. 추위에 손이 얼었을 때 일본잎갈나무잎이 붙지 않도록 1개씩 조심스럽게 수확하는 것은 끈기가 필요한 작업이다. 이 때문에 일본에서는 '끈기버섯'이라고도 한다.

주름살은 흰색을 띠고 성기다.
자라면 대에 내려 붙는다.

대는 흰색으로 위아래 굵기가
거의 같다. 속은 차 있다.

갓은 예쁜 노란색.

갓은 마지막에 위로 젖혀진다.

말뚝버섯과
망태버섯

별명 : ―

식용에 부적합

262

망태버섯

레이스모양의 너풀거리는 치마를 두른다

장마철 대나무숲에 발생하는데, 특히 죽순대숲에 많이 난다. 중국에서는 고급 식재료이다. '대나무숲의 여왕'이라고 할 만큼 아름다운 모습이지만, 냄새가 심해서 그 냄새에 벌레들이 모여들어 홀씨를 운반한다. 딕티오포라 두프리카타 Dictyophora duplicata 와 함께 식용하지만, 냄새가 나서 요리하기 힘들다. 여기에서는 식용으로 적합하지 않다고 해둔다.

○ 머리 부분 아래에서 레이스모양의 치마가 너풀거리듯이 퍼진다. 머리 부분은 갈색. 고약한 냄새가 난다.

【발생 장소】 일본잎갈나무숲 땅위나 얼룩조릿대 속

【발생 시기】 가을

【구별 방법】 유균은 공모양. 처음에 머리 부분과 대가 자라고, 머리 부분 아래에서 레이스모양의 스커트가 펼쳐진다.

【먹는 방법】 식용에 부적합하다.

유균이 벌어져서 머리 부분과 대가 나온다.

딕티오포라 두프리카타. 오래되면 색이 조금 노란색을 띤다.

유균 속.

유사종인 딕티오포라 두프리카타. 레이스 치마가 짧은 것이 특징. 일본에서는 중부 이북의 얼룩조릿대숲에서 9~10월에 발생.

망태버섯의 성장 모습.

유균은 5~10cm의 공모양. 흰색으로 말랑말랑하다.

263 헛바늘목이

별명 : —

식용에 적합

좀목이과
헛바늘목이

【발생 장소】 일본잎갈나무 등 이끼 낀 바늘잎나무 그루터기나 쓰러진 나무 등

【발생 시기】 가을

【구별 방법】 갓은 주걱모양이나 부채모양으로 투명한 느낌의 회색에서 옅은 갈색. 뒷면에 잔가시가 빽빽이 난다.

【먹는 방법】 초무침 등의 무침

뒤쪽에 가시가 매우 많아서 고양이 혀처럼 거칠거칠

뒤쪽에 잔가시가 빽빽이 매우 많아서 고양이 혀처럼 거칠거칠하다. 갓은 한쪽으로 튀어나온 주걱모양이나 부채모양이고, 투명한 느낌의 회색에서 옅은 갈색이다. 살짝 데쳐서 초무침 등 무침으로 하면 좋다.

투명한 느낌의 회색에서 옅은 갈색. 때로는 흰색도 있다.

뒤쪽은 잔가시가 매우 빽빽하게 많이 나서 고양이 혀 같다.

갓은 한쪽으로 튀어나온 주걱모양이나 부채모양.

264 장미주걱목이

별명 : —

식용에 부적합

좀목이과
장미주걱목이

【발생 장소】 일본잎갈나무 등의 침엽수림 땅위

【발생 시기】 가을

【구별 방법】 옅은 분홍색에서 주홍색으로 불완전한 깔때기모양이다. 육질은 탄력 있는 젤라틴질이나 건조하면 연골질.

【먹는 방법】 식용에 부적합하다.

불완전한 깔때기모양이며, 탄력 있는 젤라틴질

불완전한 깔때기모양이며, 가장자리가 물결모양. 조직은 옅은 분홍색에서 주홍색으로 투명한 느낌이다. 젤라틴질로 탄력이 있는데, 건조하면 연골질이 된다. 일반적으로 식용에 부적합하다.

젤라틴질로 탄력이 있다. 옅은 분홍색에서 주홍색으로 투명한 느낌이다.

자라면 불완전한 깔때기모양. 가장자리는 물결모양.

구멍장이버섯과
조개버섯

갓 표면은 선명한 주황색으로 오래되면 갈색을 띤다.

별명 : —

식용에 부적합

조개버섯

- 【발생 장소】 일본잎갈나무 등의 마른 나무
- 【발생 시기】 가을
- 【구별 방법】 선명한 주황색으로 반원 모양이나 부채모양. 나이테 같은 무늬가 있다. 주름살은 흰색으로 성기고, 조직은 단단하다.
- 【먹는 방법】 식용에 부적합하다.

반원모양이나 부채모양이며, 선명한 주황색

갓은 반원모양이나 부채모양. 표면에 나이테 같은 무늬가 있고, 어릴 때는 주황색에서 오래되면 갈색을 띤다. 주름살은 성기고 흰색. 조직이 단단해서 일반적으로 식용에 부적합하다.

구멍장이버섯과
해면버섯

갓 표면에 나이테 같은 무늬가 있고, 벨벳모양.

별명 : —

식용에 부적합

해면버섯

- 【발생 장소】 일본잎갈나무 등 바늘잎 나무의 밑동 주변
- 【발생 시기】 가을
- 【구별 방법】 갓은 반원모양이나 부채모양. 주황색에서 갈색 나이테 같은 무늬가 있고, 벨벳 같은 감촉이다.
- 【먹는 방법】 식용에 부적합하다.

갓 표면이 벨벳 같은 감촉

반원모양이나 부채모양으로 주황색에서 갈색이며, 나이테 같은 무늬가 있다. 표면은 거친데, 어릴 때는 벨벳 같은 감촉이다.
육질이 단단해서 식용으로는 적합하지 않다.

267 주름우단버섯

별명 : —

주름우단버섯

우단버섯과
주름우단버섯

 [발생 장소] 일본잎갈나무숲 등의 땅위

 [발생 시기] 가을

 [구별 방법] 갓 가장자리는 뒤로 말리고, 부드러운 털이 있다. 상처 부분은 갈색이 된다.

 [먹는 방법] 독이 있으므로 식용하지 않는다.

구토 등 중독을 일으키므로 주의

갓은 원뿔모양 또는 가운데가 볼록한 찐빵모양이고, 마지막에는 얕은 깔때기모양이 된다. 가장자리는 자라서도 뒤로 말려 있고, 부드러운 털이 나 있다. 주름살은 옅은 황토색. 상처 부분은 갈색으로 변한다.

잘못 알고 먹으면 구토 등 중독을 일으킨다. 외국에서는 사망한 사례도 있으므로 주의한다.

갓은 가장자리가 뒤쪽으로 말리고, 부드러운 흰색 털이 나 있다.

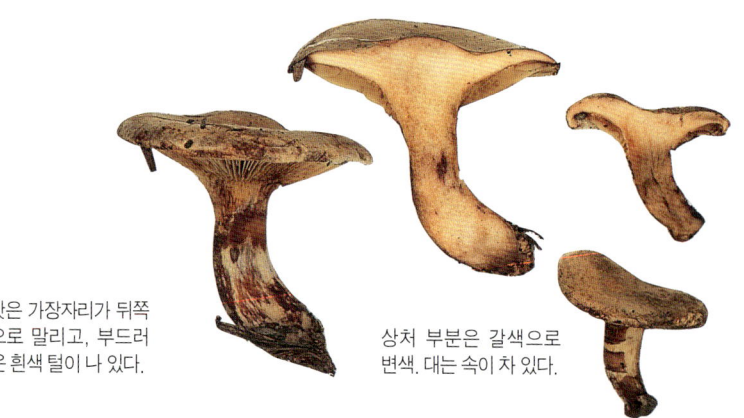

상처 부분은 갈색으로 변색. 대는 속이 차 있다.

습한 환경에서는 점액이 조금 나온다.

자작나무숲에 발생하는 버섯

chapter 5

자작나무숲에 발생하는 버섯

고원이나 고산을 대표하는 자작나무숲.
여름부터 가을, 고원에서의 버섯 채취는 맑은 공기와 상쾌한 바람이 기분 좋다.

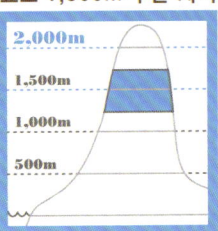
표고 1,500m 부근 지역

【자작나무숲】

고원의 양지바른 곳에 군생하는 수목

서늘한 기후와 맑은 공기를 좋아하는 자작나무나 사스래나무 등은 표고 1,500m 부근의 조금 높은 지역에 산다.
자작나무숲의 식용 가능한 버섯은 등색껄껄이그물버섯, 거친껄껄이그물버섯 등. 종류가 조금 적어서 버섯 채취 장소로는 부족할지도 모른다. 그러나 식용버섯은 아니지만 광대버섯 등의 선명한 색이 자작나무숲과 어우러져 아름다우므로 고원의 상쾌한 공기와 함께 즐겨보자.

버섯찾는 point
- 쓰러진 나무나 마른나무 줄기
- 밑동 부근의 땅위

찾을 수 있는 버섯
거친껄껄이그물버섯, 등색껄껄이그물버섯, 자작나무버섯, 흰보라끈적버섯, 로이코폴리오타 데코로사
Leucopholiota decorosa

서늘한 기후와 맑은 공기를 좋아한다
고원을 대표하듯이 서늘한 기후의 고원에서 발견된다.
쓰러진 나무가 버섯 채취 장소.

색의 대비가 아름답다
가을이 되면 자작나무잎이 단풍이 들어 나무껍질과의 대비도 아름답다.

깊은 산 양지바른 곳에 펼쳐진다
자작나무숲은 고산지대 양지바른 곳에 있다. 얇게 벗겨지는 나무껍질이 특징이므로 바로 알 수 있다.

아름다운 경치를 즐긴다
자작나무숲의 식용 가능한 버섯 종류는 적다. 식용할 수는 없지만 선명한 색깔의 광대버섯 등도 있어서 눈이 즐겁다.

별명 : ―

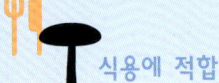 식용에 적합

그물버섯과
등색껄껄이그물버섯

자른 단면이 검게 변한다

갓은 황토색으로 어릴 때는 반구형이며, 곧 찐빵모양이 되었다가 평평하게 벌어진다. 관공은 갈색을 띤 흰색이고, 대는 표면에 검은색 알갱이가 매우 많다. 조직은 흰색. 자르면 단면이 검은색을 띠는데 익으면 없어진다. 튀김이나 국, 조림 등으로 좋다. 충분히 익히지 않으면 심에 검은색이 남는다.

 【발생 장소】 자작나무숲 등 고지대 숲의 땅 위

 【발생 시기】 가을

 【구별 방법】 갓은 황토색. 대에 검은색 알갱이가 매우 많다. 자른 단면이 검은색을 띤다.

 【먹는 방법】 국, 조림, 튀김 등

자작나무숲 등 고지대 숲속에 발생한다.

조직은 흰색. 자른 단면은 검은색을 띠는데 익으면 없어진다.

자라면 갓은 찐빵모양. 관공은 갈색을 띤 흰색에서 회갈색이 된다.

갓은 황토색이고, 대에는 검은색 알갱이가 매우 많다.

유균은 갓이 반구형.

289

그물버섯과
거친껄껄이그물버섯

별명 : —

 먹는 방법에 주의

식용으로는 가능하면 어리고 단단한 것을 이용

갓은 회갈색으로, 잘게 갈라지거나 반점이 생기기도 한다. 관공은 옅은 회색에서 회갈색. 대에는 가는 갈색 인편이 있다. 조직은 흰색으로 절단면의 색이 변하지 않는다.

자란 것은 익히면 녹아버리듯이 형태가 없어지므로 어린 것을 식용한다. 또 충분히 익히지 않으면 중독되므로 데쳐서 물은 버리고 조리하며, 많이 먹지 않는다.

○ 자작나무류가 드문드문 있는 고원의 목장 등에서 자주 볼 수 있다.

【발생 장소】드문드문 자작나무나 사스래나무가 있는 풀밭 등

【발생 시기】여름~가을

【구별 방법】갓은 반구형에서 찐빵모양으로 회갈색. 대에는 가는 갈색 인편이 있다.

【먹는 방법】반드시 데쳐서 물은 버리고 조리한다.

식용으로는 어리고 단단한 것을 이용한다.

자라면 갓이 찐빵모양. 표면이 울퉁불퉁한 것도 있다.

대는 가는 갈색 인편으로 덮이고, 밑동이 굵다.

갓은 회갈색. 갈라지거나 반점이 생기기도 한다.

관공은 옅은 회색인데 오래되면 회갈색이 된다.

270 자작나무버섯

별명 : －

식용에 부적합

구멍장이버섯과
자작나무버섯

 [발생 장소] 자작나무류의 나무줄기

 [발생 시기] 여름~가을

 [구별 방법] 갓은 반원모양으로 옅은 갈색이고, 매끄러운 가죽 같은 감촉이다. 조직은 단단하고, 오래되면 코르크질이 된다.

 [먹는 방법] 식용에 부적합하다.

갓 표면은 매끄러운 가죽 같은 감촉

주로 자작나무류의 마른나무에서 발생하는데, 살아 있는 나무줄기에서도 발생한다. 갓 표면은 매끄러운 가죽 같은 감촉이며, 뒤쪽은 흰색이다. 조직은 단단해서 먹지 않는다.

갓 표면은 갈색, 뒤쪽은 흰색. 반원모양인데 오래되면 형태가 망가진다.

271 차가버섯

별명 : －

식용에 부적합

소나무비늘버섯과
차가버섯

 [발생 장소] 자작나무류 줄기

 [발생 시기] 1년 내내

 [구별 방법] 갓 표면은 검은색이며 가로 세로로 갈라지고, 석탄 덩어리 같다. 속은 갈색. 여러해살이.

 [먹는 방법] 식용에 부적합하다.

검은색 거칠거칠한 석탄 덩어리 같다

자작나무 등의 줄기에 발생하는 검은색 석탄 같은 덩어리다. 몇 년에 걸쳐 자라는 여러해살이다.
면역력을 높이는 효과가 있다고 하는데, 식용 가치는 없다.

갓 표면은 검은색. 거칠거칠한 석탄 덩어리 같은 모습이다.

끈적버섯과
흰보라끈적버섯

별명 : —

 식용에 부적합

272 흰보라 끈적버섯

옅은 보라색으로 비단 같은 광택이 있다

갓은 찐빵모양에서 평평하게 벌어지는데, 가운데가 볼록한 것이 특징이다. 전체가 옅은 보라색이고, 비단 같은 광택이 있다. 대는 곤봉처럼 밑동이 불룩하다.

흙냄새가 나므로 식용으로 적합하지 않다.

 【발생 장소】 자작나무류 등의 숲속 땅위

 【발생 시기】 가을

 【구별 방법】 전체가 옅은 보라색으로 비단 같은 광택이 있다. 대는 곤봉처럼 밑동이 불룩하다. 조직도 옅은 보라색.

 【먹는 방법】 식용에 부적합하다.

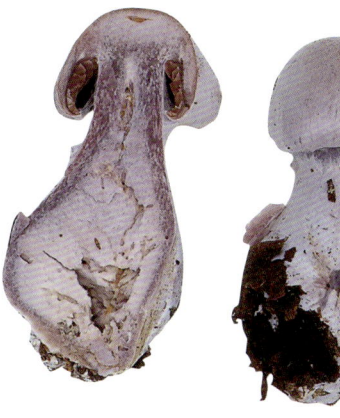

대는 밑동이 굵고, 속이 차 있다. 조직도 보라색.

전체가 옅은 보라색으로 비단 같은 광택이 있다.

갓은 찐빵모양에서 평평하게 벌어지는데 가운데가 볼록하다.

273 로이코폴리오타 데코로사

별명 : ―

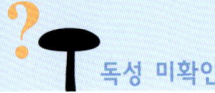 독성 미확인

송이과
로이코폴리오타 데코로사
Leucopholiota decorosa

 【발생 장소】 자작나무 등의 넓은잎나무가 쓰러진 것이나 마른나무 등

 【발생 시기】 가을

 【구별 방법】 갓과 대가 가시모양의 거친 털로 덮여 있다. 유균은 오뚝이 모양으로 갈색이고, 전체가 가시모양의 거친 털로 덮여 있다.

 【먹는 방법】 식용인지 독버섯인지 불분명하므로 식용하지 않는다.

가시모양의 거친 털로 덮여 있다

넓은잎나무가 쓰러진 것이나 마른나무에서도 발생하지만, 자작나무가 쓰러진 것이나 마른나무에서도 잘 발생한다.

갓은 밝은 황토색에서 갈색으로, 표면이 가시모양의 거친 털로 덮여 있다. 유균은 갓이 반구형이고 대가 굵으며, 오뚝이 같은 모양으로 전체가 가시모양의 거친 털로 덮여 있다. 주름살은 희고 빽빽. 대에는 턱받이가 있고, 턱받이 아래는 가시모양의 거친 털로 덮여 있다.

오래되면 갈색이 된다.
대는 속이 비어 있다.

어릴 때는 주름살이 솜털 모양의 막에 싸여 있다. 가시모양의 거친 털도 뚜렷하게 있다.

주름살은 흰색으로 빽빽. 대에는 턱받이가 있고, 턱받이 아래는 가시모양의 거친 털로 덮여 있다.

쓰러진 자작나무 등에서 발생한다.

독청버섯과
Pholiota destruens

폴리오타 데스트루엔스

별명 : —

독성

274 폴리오타 데스트루엔스

건조하면 갓이 갈라져서 거북이 등처럼 된다

갓은 황토색에서 옅은 노란색이고, 가장자리는 흰색을 띤다. 표면에는 솜털모양의 부드러운 인편이 있고, 습한 환경에서는 점액이 조금 나온다. 건조하면 갓이 갈라져서 거북이 등 같은 무늬가 생긴다.

주름살은 조금 빽빽하고, 처음에는 흰색에서 옅은 갈색. 대는 옅은 노란색으로 솜털모양의 턱받이가 있다. 특유의 단내가 있다.

독이 있으므로 먹지 않는다.

 【발생 장소】 자작나무류 등의 줄기

 【발생 시기】 가을

 【구별 방법】 갓에는 솜털모양의 인편이 있다. 단내가 있다.

 【먹는 방법】 독이 있으므로 식용하지 않는다.

대는 밑동이 굵어진다. 속은 차 있고, 옅은 갈색 얼룩이 있다.

갓 가장자리는 흰색을 띤다.

갓은 찐빵모양으로 황토색에서 옅은 노란색.

건조하면 갓이 갈라져서 거북이 등 같은 무늬가 생긴다.

갓 표면은 솜털모양의 인편으로 덮여 있다. 습한 환경에서는 점액이 조금 나온다.

광대버섯과
광대버섯

별명 : —

275

광대버섯

독성

동화나 그림책에 나오는 독버섯

갓은 반구형에서 거의 평평하게 벌어진다. 빨간색에 흰색 돌기가 있는 귀여운 모습이다. 동화나 그림책에도 나오는데 구토나 환각, 근육 경련 등 중독을 일으키는 독버섯이다.

대는 흰색으로 막 같은 느낌의 턱받이가 있고, 밑동은 알뿌리모양으로 불룩하다. 주황색이나 노란색인 것도 있다.

 【발생 장소】 자작나무 등의 숲속 땅위

 【발생 시기】 가을

 【구별 방법】 빨간색 갓에 흰색 돌기가 있다. 대는 흰색으로 막 같은 턱받이가 있다. 밑동이 불룩하다.

 【먹는 방법】 독이 있으므로 식용하지 않는다.

◎ 자작나무숲에 있는 광대버섯 모습은 매우 동화적이다.

● 버섯이야기

광대버섯은 자작나무와 사이좋게 공생한다. 자작나무숲에 빨간색과 흰색 대비가 예쁜 광대버섯이 원을 그리듯이 있는 모습은 동화 같으며, 고원 이미지와도 잘 어울린다.

그러나 어떤 학자는 "먹으면 반드시 뇌세포가 파괴되고, 간은 스펀지처럼 된다"고 한다. 절대 먹지 않는다.

숲속에 줄을 짓거나 원을 그리듯이 발생한다.

대에는 막 같은 턱받이가 남는다. 밑동은 알뿌리모양으로 불룩하다.

오래되면 갓이 위로 젖혀진다. 색도 퇴색하고, 돌기도 떨어진다.

유균은 흰색 돌기로 덮여 있다. 갓이 벌어지면 바탕색인 빨간색이 나온다.

어릴 때는 반구형. 자작나무 뿌리와 공생관계라 밑동 가까이 발생하는 것이 많다.

큰붉은젖버섯

무당버섯과

별명 : ―

독성

 [발생 장소] 자작나무숲 등의 땅위

 [발생 시기] 여름~가을

 [구별 방법] 갓 가장자리에 부드러운 털이 있다. 상처 부분에서는 유액이 나온다.

 [먹는 방법] 독이 있으므로 식용하지 않는다.

갓 가장자리에 솜털모양의 부드러운 털이 있다

갓은 처음에는 찐빵모양이었다가 평평하게 벌어져 가운데가 오목해지고, 마지막에는 깔때기모양이 된다. 표면에는 나이테 같은 무늬가 있고, 가장자리에는 솜털모양의 부드러운 털이 있다.

상처 부분에서는 흰색 유액이 나온다. 이 유액은 조금만 맛을 봐도 매우 맵고, 공기와 만나도 색이 변하지 않는다.

독이 있으므로 먹지 않는다.

주름살은 빽빽하고 대에 내려 붙는다. 대는 속이 비어 있다.

갓은 가장자리가 뒤로 말리고, 솜털모양의 부드러운 털이 있다.

갓 표면에는 나이테 같은 무늬가 있다.

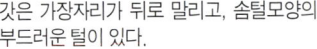

갓은 찐빵모양에서 평평하게 벌어지고, 마지막에는 깔때기모양이 된다.

chapter 6

전나무숲 솔송나무숲에 발생하는 버섯

전나무숲·솔송나무숲에 발생하는 버섯

전나무나 솔송나무 등은 표고 1,500m 부근에 자란다.
깊은 숲이 많아서 훌륭한 식용버섯이 많다.

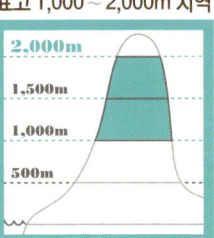
표고 1,000~2,000m 지역

깊은 숲은 버섯이 풍부하다
고산성 침엽수림, 그 중에서도 원시림에는 다양한 버섯이 발생한다.

다양한 버섯이 발생
숲속 땅위에는 이끼가 두텁다. 조금 특이한 버섯 등도 많다.

【전나무숲】

대표적인 버섯은 붉은젖버섯

표고 1,500m의 고산성 수목 중에는 비교적 낮은 곳에 있는 전나무숲. 울창하고 어두운 숲에서부터 나무 사이로 햇빛이 비치는 밝은 숲 등이 있는데, 조금 밝은 숲에 버섯이 많이 발생한다.

전나무숲에는 서리버섯, 민자주방망이버섯 등도 있지만, 대표적인 것이 붉은젖버섯이다. 전체가 등황색으로 상처가 나면 주홍색 유액이 나온다.

버섯찾는 point
- 낙엽 아래도 잘 본다.
- 조금 밝은 전나무숲 등이 좋다.

찾을 수 있는 버섯
붉은젖버섯, 솜털갈매못버섯, 누룩젖버섯

깊은 산의 원시림
표고 1,500m. 산행할 때는 오후에 해가 지기 전에 서둘러 내려온다.

【솔송나무숲】

식용버섯이 많다

표고 2,000m 이상의 고산에 자란다. 깊은 숲이 많으므로 좋은 식용버섯이 많고 양도 많다. 울창한 원시림에서는 지면이나 나무 그루터기 등의 표면을 이끼가 두껍게 덮어서 버섯의 쿠션 역할을 한다. 보통 대의 길이가 짧은 버섯도 이끼 위로 나온 것은 다른 지역에서 자라는 표준 버섯보다 대가 긴 것이 특징이다.

특히 원시림에 들어갈 때는 필요 이상으로 이끼를 손상시키지 않으며, 발이 미끄러지지 않도록 주의한다.

버섯찾는 point
- 색이 선명한 버섯은 멀리 떨어진 곳에서 보고 찾는다.
- 이끼가 빽빽이 있는 곳

찾을 수 있는 버섯
히그로포루스 푸르푸라스켄스 *Hygrophorus purpurascens*, 노란구름벚꽃버섯, 쓴송이, 송이, 솜끈적버섯, 붉은덕다리버섯

277 별명 : ―

끈적마개버섯  식용에 적합

마개버섯과
끈적마개버섯

주로 서늘한 지역에 발생하는 버섯

일본 홋카이도를 비롯한 서늘한 지역에 발생하는 버섯이다.
갓은 반구형에서 평평한 찐빵모양으로 벌어지는데, 긴둥근꼴도 있다. 표면에는 젤라틴 같은 점성이 강한 점액이 있고, 가장자리는 뒤로 말려 있다. 주름살은 흰색에서 옅은 갈색으로 자라면 대에 내려 붙는다. 대는 밑동이 짙은 노란색을 띤다.
점액을 살려 국이나 무침을 하면 좋다.

 【발생 장소】 전나무나 가문비나무 등 침엽수림 땅위

 【발생 시기】 여름~가을

 【구별 방법】 갓 표면은 회갈색이며, 젤라틴 같은 점액이 있다. 대는 밑동이 짙은 노란색.

 【먹는 방법】 국, 무침 등

갓은 회갈색. 표면에는 점액이 있다.

대는 흰색. 밑동은 짙은 노란색을 띤다.

갓 표면의 점액은 젤라틴모양으로 점성이 매우 강해 잘 끊어지지 않는다.

갓 가장자리는 뒤로 말려 있다. 주름살은 흰색에서 옅은 갈색.

갓은 반구형에서 평평한 찐빵모양으로 벌어진다. 긴둥근꼴도 있다.

솜털갈매못버섯

마개버섯과

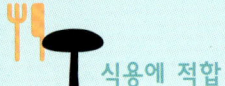
식용에 적합

- **[발생 장소]** 전나무나 솔송나무숲의 땅위
- **[발생 시기]** 가을
- **[구별 방법]** 전체가 살구색이며 부드러운 털로 덮여 있다. 주름살은 회갈색이며 성기다. 대는 밑둥이 가늘다.
- **[먹는 방법]** 초무침 등의 무침 외에 국, 조림 등

전체가 솜털모양의 부드러운 털로 덮인다

전체가 살구색이며 솜털모양의 부드러운 털로 덮여 있다.

갓은 가운데가 볼록한 찐빵모양에서 거의 평평하게 벌어진다. 주름살은 성기고, 처음에는 옅은 황토색인데 나중에 회갈색이 된다. 대는 밑동이 조금 가늘다. 흰색 균사가 붙어 있다.

씹으면 단맛이 있다. 불에 직접 구워서 2배식초와 함께 먹으면 좋다.

주름살은 처음에 옅은 황토색이며, 나중에 회갈색이 된다. 대는 밑동이 가늘다.

전체가 솜털모양의 부드러운 털로 덮여 있다.

유균은 반구형으로 흰색을 띤다.

꾀꼬리버섯과
깔때기꾀꼬리버섯

별명 : —

 식용에 부적합

279 깔때기 꾀꼬리 버섯

갓은 회색을 띤 황토색으로 깔때기모양이 된다

전나무나 솔송나무 등 비교적 표고가 높은 숲에 발생하는 버섯이다. 갓은 자라면 가운데가 오목하게 깔때기모양이 되고, 표면은 회색을 띤 황토색이다. 주름살은 노란색으로 혈관처럼 보인다.
대는 노란색으로, 갓의 오목하게 파인 부분이 밑동까지 이어져 있으므로 속은 비어 있다.
일반적으로 식용에 적합하지 않다.

 [발생 장소] 전나무나 솔송나무 등 침엽수림 땅위

 [발생 시기] 가을

 [구별 방법] 갓은 회색을 띤 황토색이며, 대는 노란색. 주름살은 얕고, 혈관처럼 보인다.

 [먹는 방법] 식용에 부적합하다.

오래되면 주름살이 회갈색이며, 얕고 혈관 같다.

자라면 갓 가장자리가 물결모양.

대는 노란색이고, 속은 비어 있다.

갓은 회색을 띤 황토색.

귀신그물버섯과 *Boletellus mirabilis*

볼레텔루스 미라빌리스

별명 : —

식용에 적합

280 볼레텔루스 미라빌리스

갓에는 갈색과 노란색 얼룩무늬가 있다

갓은 반구형에서 평평하게 벌어진다. 표면은 적갈색으로 노란색 얼룩무늬가 있고, 벨벳모양이다. 관공은 옅은 노란색으로, 오래되면 갈색을 띤다. 대는 표면에 울퉁불퉁 튀어나온 그물무늬가 있고, 곤봉처럼 밑동이 굵다. 속은 차 있다.

보기에는 별로지만 맛과 향이 좋은 버섯이다.

 【발생 장소】 좀솔송나무 등을 자른 그루터기나 쓰러진 나무

 【발생 시기】 여름~가을

 【구별 방법】 갓은 적갈색으로 벨벳모양. 노란색 얼룩무늬가 있다. 대에는 그물무늬가 있다.

 【먹는 방법】 파스타 외에 국, 볶음 등

◯ 갓은 적갈색. 노란색 얼룩무늬가 있다.

갓은 반구형에서 거의 평평하게 벌어진다. 갓이 벌어지면 관공이 불룩해진다.

관공은 옅은 노란색. 오래되면 갈색을 띤다. 대는 곤봉처럼 밑동이 굵다.

대는 속이 차 있다. 조직은 흰색.

Cooking

말린 버섯 파스타

대는 표면에 울퉁불퉁 튀어나온 그물무늬가 있다.

별명 : -

독성

그물버섯과　　　　　　　　　*Boletus venenatus*
볼레투스 베네나투스

맛있어 보이지만 독성이 강하다

갓은 황갈색으로 무두질한 가죽 같은 감촉이다. 대는 옅은 노란색으로, 자라면 위쪽에 붉은 알갱이가 나타난다. 관공은 노란색이고, 상처가 난 부분은 조금 파란색으로 변한다.
맛있어 보이지만 독성이 강해서 복통이나 구토, 설사 등 매우 심한 중독 증상이 나타나므로 주의한다.

 [발생 장소] 좀솔송나무 등의 숲속 땅 위

 [발생 시기] 여름 ~ 가을

 [구별 방법] 갓은 황갈색으로 무두질한 가죽 같은 감촉. 관공은 노란색, 상처 부분은 파란색.

 [먹는 방법] 독이 있으므로 식용하지 않는다.

표고가 높은 숲속에 발생.

대는 속이 차 있다. 관공은 노란색으로 오래되면 갈색 반점이 생긴다.

대는 옅은 노란색이고, 밑동이 굵다.

갓 표면은 무두질한 가죽 같은 감촉.

자라면 갓은 거의 평평하게 벌어진다.

어릴 때는 갓이 반구형.

282 가랑잎이끼살이버섯

별명 : —

식용에 부적합

송이과
가랑잎이끼살이버섯

【발생 장소】 전나무나 솔송나무 숲속 땅위

【발생 시기】 가을

【구별 방법】 갓은 적갈색으로, 처음에는 종모양이고 자라면 거의 평평하게 벌어지며, 가장자리가 퇴색한다. 주름살은 성기다.

【먹는 방법】 식용에 부적합하다.

습한 환경에서는 갓에 점액이 조금 나온다.

주름살은 성기고, 큰 주름살 사이에 작은 주름살이 있다. 대는 자주색을 띤 갈색으로 단단하다.

갓은 적갈색이고, 대는 자주색을 띤 갈색

갓은 종모양에서 거의 평평하게 벌어지며, 가장자리가 옅은 갈색으로 퇴색하고 물결모양이 된다. 주름살은 성기고, 대는 자주색을 띤 갈색이다. 육질이 단단해서 식용 가치는 없다.

---

283 이끼살이버섯

별명 : —

식용에 부적합

송이과
이끼살이버섯

【발생 장소】 전나무나 솔송나무 등의 침엽수림 그루터기나 쓰러진 나무

【발생 시기】 가을

【구별 방법】 갓은 종모양에서 찐빵모양이 되고, 나중에 가운데가 오목해진다. 큰 것도 지름이 약 2㎝.

【먹는 방법】 식용에 부적합하다.

갓은 종모양에서 찐빵모양이 된다. 가운데가 오목하다.

주름살은 대에 내려 붙는다. 대는 적갈색.

이끼 낀 큰 나무 그루터기 등에 군생하는 모습이 볼 만하다.

먹을 수 없지만 색은 아름답다

이끼 낀 나무 그루터기 등에 군생하는 모습이 볼 만하다. 갓은 등황색으로 자라면 가운데가 파인다. 주름살은 성기고, 대에 내려 붙는다. 식용으로 적합하지 않다.

벚꽃버섯과
적갈색벚꽃버섯

별명 : —

식용에 적합

284 적갈색벚꽃버섯

갓 표면은 자주색을 띤 갈색.

 【발생 장소】 전나무 등의 침엽수림 땅위

 【발생 시기】 가을

 【구별 방법】 갓은 자주색을 띤 갈색이 며, 습한 환경에서는 점액이 나온다. 자라면 주름살이 대에 내려 붙는다.

 【먹는 방법】 국, 무침, 구이, 볶음 등

특별한 맛이나 향이 없고 씹는 맛이 좋다

갓은 자주색을 띤 갈색으로 찐빵모양 에서 평평하게 벌어진다. 주름살은 자 라면 대에 내려 붙는다.
씹는 맛이 좋고, 다양한 요리에 이용할 수 있다.

무당버섯과
누룩젖버섯

별명 : —

식용에 적합

285 누룩젖 버섯

갓은 찐빵모양에서 평평하게 벌어지고, 나중에 위로 젖혀진다.
주름살에 옅은 파란색 얼룩이 생긴다.

 【발생 장소】 전나무 등의 숲속 땅위

 【발생 시기】 가을

 【구별 방법】 주름살에 옅은 파란색 얼룩이 생긴다. 상처 부분에서는 흰색 에서 옅은 파란색으로 변하는 유액이 나온다.

 【먹는 방법】 밥, 국, 무침, 볶음 등

주름살에 옅은 파란색 얼룩이 생긴다

갓은 흰색에서 옅은 황토색이 된다. 자라면 주름살에 옅은 파란색 얼룩이 생기는 것이 특징. 상처 부분에서는 흰색 유액이 나오는데 금방 옅은 파란 색으로 변한다.

 식용에 적합

무당버섯과
붉은젖버섯

오돌오돌 씹는 맛과 깊은 감칠맛을 즐길 수 있다

갓은 찐빵모양에서 평평하게 벌어지고, 가운데가 오목해져 얕은 깔때기모양이 된다. 표면에 흐리게 나이테 같은 무늬가 있다. 대는 표면에 곰보모양처럼 파인 부분이 생긴다. 상처 부분에서는 빨간색 유액이 나온다.

퍼석퍼석하지만 깊은 감칠맛이 있어 볶음이나 튀김으로 알맞다. 채취하는 버섯으로도 인기 있다.

 [발생 장소] 전나무류의 숲속 땅위

 [발생 시기] 가을

 [구별 방법] 갓에 나이테 같은 무늬가 있다. 대에 곰보모양처럼 파인 부분이 생긴다. 빨간색 유액이 나온다.

 [먹는 방법] 국, 볶음, 튀김 등

전체가 살구색에서 옅은 주황색.

자라면 주름살은 대에 내려 붙는다.

갓은 지름이 약 10㎝. 조직은 단단하다.

주름살은 빽빽하고, 갓보다 색이 조금 짙다.

대는 속이 비어 있다.

갓은 처음에는 찐빵모양. 자라면서 평평하게 벌어진다.

287 히그로포루스 히포테유스

별명 : ―

 식용에 적합

벚꽃버섯과

히그로포루스 히포테유스

Hygrophorus hypothejus

갓과 대에 모두 점액이 있다

습한 환경에서는 갓과 대에 모두 점액이 있다. 갓은 찐빵모양에서 거의 평평하게 벌어지고, 가장자리가 위로 젖혀진다. 표면은 회색을 띤 갈색이고, 가운데는 거의 검은색이다.

주름살과 대는 노란색을 띤 흰색으로, 대에는 뚜렷하지는 않지만 턱받이가 있고, 턱받이 아래가 굵은 것이 많다.

맑은장국 등에 넣으면 점액이나 맛과 향을 살릴 수 있다.

 [발생 장소] 전나무나 솔송나무, 소나무 등의 침엽수림 땅위

 [발생 시기] 늦가을

 [구별 방법] 갓은 회색을 띤 갈색이고, 가운데는 거의 검은색. 대는 턱받이 아래가 굵은 것이 많다.

 [먹는 방법] 국, 무침 등

갓은 찐빵모양에서 평평하게 벌어진다.

🍴 **식용에 적합**　　　　　　**비슷하다!**

히그로포루스 히포테유스보다 작고, 갓은 지름이 1~3㎝.

히그로포루스 히포테유스 소형종 (p.244)

갓 표면은 회색을 띤 갈색으로 점액이 있다.

어릴 때는 갓이 반구형이다.

대는 오래되면 표면이 조금 노란색을 띤다.

대에는 뚜렷하지 않은 턱받이가 있고, 턱받이 아래가 굵은 것이 많다.

주름살은 성기고, 자라면 대에 내려 붙는다.

광대버섯과　　　　*Limacella illinata*
리마켈라 일리나타

별명 : —

식용에 부적합

288

리마켈라
일리나타

전체가 많은 점액으로 덮여 있다

전체가 흰색이고, 많은 점액으로 덮여 있다. 갓은 어릴 때는 종모양이다. 자라면 찐빵모양이 되었다가 평평하게 벌어지는데, 가운데는 그대로 볼록하다. 대는 밑동이 빨간색을 띤다. 조직은 흰색으로 독특한 냄새가 있다. 식용으로 취급되는 경우도 있지만 비슷한 것이 많고 구별하기 어려우며, 맛과 향도 좋지 않으므로 식용으로는 적합하지 않다.

 【발생 장소】 전나무, 솔송나무 등의 숲속 땅위

 【발생 시기】 가을

 【구별 방법】 갓과 대에 모두 점액이 있다. 대는 아래가 빨간색을 띤다.

 【먹는 방법】 식용에 부적합하다.

◯ 갓에는 점성이 강한 점액이 있다.

갓은 자라면 평평하게 벌어지는데, 가운데는 그대로 볼록하다.

주름살은 흰색으로 조금 빽빽하다. 어릴 때는 턱받이에 싸여 있다.

유균은 가운데가 볼록한 찐빵모양. 대는 밑동 부근이 빨간색을 띤다.

어릴 때는 종모양이다.

289 솜끈적버섯

별명 : —

 식용에 적합

끈적버섯과
솜끈적버섯

대형 버섯으로 다부진 느낌

대형 버섯으로 큰 것은 갓 지름이 20㎝ 이상 되는 다부진 느낌의 버섯이다. 처음에는 갓이 반구형이고, 자라면서 찐빵모양이 되었다가 평평하게 벌어진다. 습한 환경에서는 점액이 조금 나온다.

숯불구이가 가장 좋은데, 씹는 맛이 좋고 특별한 맛과 향이 없어 일식이나 양식이나 중식 등 어떤 요리에나 잘 어울린다.

 [발생 장소] 솔송나무나 소나무 등의 숲속 땅위

 [발생 시기] 가을

 [구별 방법] 갓은 밝은 황토색이며, 가장자리에 거미집모양의 막이 벗겨져 붙어 있다. 대는 흰색과 황토색 얼룩무늬.

 [먹는 방법] 숯불구이, 볶음, 전골 등

갓은 밝은 황토색. 다부진 느낌.

유균은 반구형. 주름살은 거미집모양의 흰색 막에 싸여 있다.

대는 흰색으로 옅은 황토색 얼룩무늬가 있다.

갓 가장자리와 대에는 벗겨진 막이 남아서 턱받이가 된다.

숲속에 줄을 짓듯이 발생하는 것도 있다.

습한 환경에서는 갓에 점액이 조금 나온다.

290 별명 : 보라끈적버섯

끈적버섯  식용에 부적합

끈적버섯과
끈적버섯

 【발생 장소】 전나무, 솔송나무 등의 숲속 땅위

 【발생 시기】 가을

 【구별 방법】 전체가 선명한 어두운 보라색이다. 갓은 표면이 가는 인편으로 덮여 있다.

 【먹는 방법】 식용에 부적합하다.

어두운 보라색이 특징

갓은 반구형에서 평평하게 벌어지며, 가는 인편으로 덮여 있다. 전체가 어두운 보라색이다.

식용하지만 양이 적고 독특한 맛과 향이 있어서 일반적으로 식용으로는 부적합하다.

전체가 어두운 보라색이다.

291 별명 : ―

쓰가불로초  식용에 부적합

불로초과
쓰가불로초

 【발생 장소】 전나무나 솔송나무 등 침엽수림의 쓰러진 나무나 말라 죽은 나무

 【발생 시기】 봄 ~ 가을

 【구별 방법】 갓 표면은 갈색으로 광택이 있고, 가장자리는 물결모양이다. 대는 짧고, 대가 없는 것도 있다.

 【먹는 방법】 식용에 부적합하다.

갓 표면은 갈색으로 광택이 있고, 가장자리는 물결모양

이름은 불로초이지만 한해살이다. 갓은 반원모양이나 부채모양이고, 가장자리는 물결모양이다. 표면에는 나이테 같은 무늬와 광택이 있다.

식용으로 적합하지 않다.

갓은 반원모양이나 부채모양. 표면에는 광택이 있다.

방패버섯과

알바트렐루스 페스카프라이

Albatrellus pescaprae

별명 : —

식용에 부적합

292

알바트렐루스 페스카프라이

갓은 표면이 갈색 솜털모양의 인편으로 덮인다

갓은 반원모양이나 부채모양으로, 표면이 갈색 솜털모양의 인편으로 덮여 있다. 대는 굵고 짧으며, 갓 옆에 조금 붙어 있는 정도이다. 관공은 옅은 갈색이며, 자라면 대에 내려 붙는다.

많이 볼 수 있는 버섯이 아니고 일반적으로 식용에 적합하지는 않지만, 많이 채취하는 지역에서는 먹기도 한다.

 【발생 장소】 전나무, 솔송나무 등의 침엽수림 땅위

 【발생 시기】 가을

 【구별 방법】 갓은 반원모양이나 부채모양. 표면이 솜털모양의 인편으로 덮여 있다. 대는 짧고, 갓 한쪽에 붙는다.

 【먹는 방법】 식용에 부적합하다.

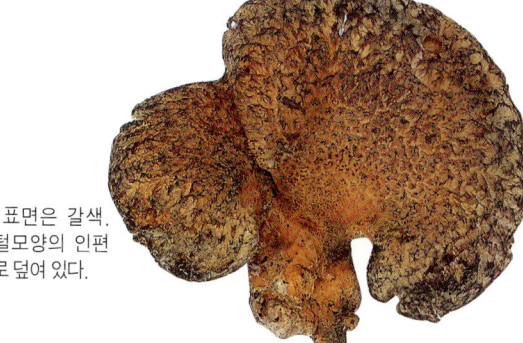

갓 표면은 갈색. 솜털모양의 인편으로 덮여 있다.

관공은 옅은 갈색. 구멍 하나하나가 모가 나 있다.

대는 굵고 짧으며, 갓 한쪽에 붙어 있다.

293 나팔버섯

별명 : —

독성

나팔버섯과
나팔버섯

- **[발생 장소]** 전나무류가 있는 숲속 땅위
- **[발생 시기]** 여름~가을
- **[구별 방법]** 갓은 깔때기모양으로 밑동까지 깊게 파여 있다. 표면은 인편으로 덮여 있고, 주름살은 얇다.
- **[먹는 방법]** 독이 있으므로 식용하지 않는다.

밑동까지 깊게 파인 깔때기모양

갓은 밑동까지 깊게 파인 깔때기모양이다. 표면은 노란색이며, 인편으로 덮여 있다. 주름살은 조금 옅은 노란색으로, 얇고 주름 같은 모양이다.

소화기계통 중독을 일으키므로 식용하지 않는다.

갓 표면은 인편으로 덮여 있다. 주름살은 얇고, 주름모양.

녹변나팔버섯. 나팔버섯같이 독이 있다.

갓 표면은 노란색. 주름살은 옅은 노란색.

밑동까지 깊게 파여 있다.

전나무숲 등에 발생한다.

chapter 7

꼭 필요한 버섯 정보

중독되지 않기 위해 알아야 할
버섯의 독

구별하기 어려울 때는 먹지 않는다.
- 화경버섯. 독성
- 참부채버섯

확실하지 않은 버섯은 먹지 않는다

지금으로서는 '버섯을 하나하나 확실하게 아는 것' 밖에는 식용버섯과 독버섯을 100% 구별하는 방법은 없다. 그러나 버섯의 독에 중독되지 않는 가장 확실한 방법이 있다.

그것은 '확실히 아는 버섯이 아니면 절대 먹지 않는 것'이다. 특히, 이제 막 버섯을 알기 시작했을 때 쉽게 손을 대는 경향이 많다.

버섯을 먹는 것이 목적이라면 '이것은 괜찮다'고 생각하는 것이라도 한 번 더 자료 등으로 확인하는 것을 항상 잊지 않도록 한다.

다양한 버섯 중독 증상

버섯 중독에는 여러 종류가 있다. 증상으로는 다음과 같은 것들이 있다.
① 구토나 복통, 설사 등 소화기계통의 중독을 일으키는 것
② 환각이나 경련, 마비 등 신경계통의 중독을 일으키는 것
③ 간 조직을 파괴하는 것

버섯 중에는 며칠씩 괴로워하다 사망하는 맹독성 버섯도 있다. 부디 독버섯에 주의하도록 한다.

속설은 믿지 않는다

우리들은 예로부터 버섯을 식용하는 것에 익숙하다. 그런데 애석하게도 매년 버섯철이면 중독사고 소식이 들려온다.

'세로로 찢어지면 먹을 수 있다' '독버섯도 가지와 조리면 독이 없어진다' '붉은 버섯은 독버섯' '소금에 절이면 독버섯도 먹을 수 있다' '은숟가락을 넣으면 독이 없어진다' 등 버섯에 대한 속설이 많이 있으며, 아직도 믿고 있는 사람도 많다.

이런 이야기를 들어도 절대 믿거나 현혹되지 않아야 한다.

먹는 방법에 의해서도 중독된다

버섯 중독은 독버섯이 아닌 버섯을 먹어도 일어날 수 있다.

예를 들어, 뽕나무버섯 등 일반적으로 식용하는 버섯이라도 충분히 익히지 않고 덜 익은 상태로 먹으면 복통이나 설사를 할 수 있다. 또한 술을 마시면서 먹으면 현기증이 나거나 술을 마신 뒤끝이 좋지 않은 버섯도 있다. 버섯을 많이 먹어서, 또는 체질에 따라 중독이 되는 버섯도 있다.

버섯을 먹을 때는 날것이나 덜 익은 것은 먹지 않으며, 많이 먹지 않고, 술과 함께 먹지 않는다 등 먹는 방법을 항상 확인한다.

또, 전에는 식용하던 버섯인데 현재는 독버섯으로 취급되는 것도 있다. 현재는 식용하고 있지만 앞으로 독버섯이 될 가능성도 있다는 것을 잊지 않도록 한다.

뽕나무버섯. 일반적으로 식용하지만, 충분히 익히지 않거나 너무 많이 먹으면 중독된다.

특히 조심해야 할 버섯

버섯에는 중독을 일으키는 종류가 많고,
그 중에는 먹으면 사망하는 맹독성도 있다.
일반적으로 식용하는 버섯이라도
체질이나 먹는 방법, 과식 때문에 중독되기도 한다.
독버섯과 비슷하게 생긴 것도 있으므로 각별히 주의해야 한다.

곰보버섯

먹는 방법에 주의한다.　**P. 11**

모르켈라 코니카 *Morchella conica*

먹는 방법에 주의한다.　**P. 11**

이끼꽃버섯

독이 있으므로 먹지 않는다.　**P. 23**

붉은산꽃버섯

중독되기도 하므로 먹지 않는다.　**P. 24**

족제비눈물버섯

중독되기도 하므로 먹지 않는다.　**P. 25**

큰눈물버섯

중독되기도 하므로 먹지 않는다.　**P. 25**

두엄먹물버섯

술과 함께 먹으면 중독된다.　**P. 28**

갈색먹물버섯

독이 있으므로 먹지 않는다.　**P. 31**

말똥버섯

환각성 중독을 일으킨다.　**P. 32**

 **좀말똥버섯** 환각성 중독을 일으킨다. **P.32**	**독황토버섯** 위장 장애, 내장 파괴 등을 일으켜 사망한다. **P.33**	 **큰갓버섯** 비슷한 버섯 중에 맹독성인 것이 있다. **P.34**
 **잣버섯** 먹는 방법에 주의한다. **P.35**	 **침비늘버섯** 체질에 따라 중독된다. **P.48**	**안장마귀곰보버섯** 독이 있으므로 먹지 않는다. **P.43**
 **반구독청버섯** 환각성 중독을 일으킨다. **P.47**		**좀환각버섯** 환각성 중독을 일으킨다. **P.48**
 **프실로키베 아르겐티페스** *Psilocybe argentipes* 환각성 중독을 일으킨다. 사망 사례도 있다. **P.49**	 **노란다발** 독성이 강하고, 사망 사례도 있으므로 먹지 않는다. **P.50**	 **프실로키베 파스키아타** *Psilocybe fasciata* 환각성, 감각 마비 등의 중독을 일으킨다. **P.52**

독깔때기버섯
먹으면 3~7일 후 중독 증상이 나타나고, 손발 끝에 심한 통증이 있다.
P.88

맑은애주름버섯
현재는 독버섯으로 취급한다.
P.90

튼그물버섯
독이 있으므로 먹지 않는다.
P.107

노란길민그물버섯
체질에 따라 중독된다.
P.112

털밤그물버섯
독이 있으므로 먹지 않는다.
P.113

능이
먹는 방법에 주의한다.
P.123

턱받이금버섯
먹는 방법에 주의한다.
P.126

광비늘주름버섯
독이 있으므로 먹지 않는다.
P.129

개암버섯
먹는 방법에 주의한다.
P.132

비늘버섯
체질에 따라 중독된다.
P.136

코르티나리우스 볼라리스 *Cortinarius bolaris*
독이 있으므로 먹지 않는다.
P.142

갈황색미치광이버섯
환각성 중독을 일으킨다.
P.143

 솔땀버섯 독이 있고, 중독 사례도 많다. P.146	 냄새무당버섯 독이 있으므로 먹지 않는다. P.154	 깔때기무당버섯 독이 있다는 의견도 있으므로 먹지 않는다. P.158
 흙무당버섯 독이 있다는 의견도 있으므로 먹지 않는다. P.158	 절구버섯 독이 있으므로 먹지 않는다. P.159	 절구버섯아재비 맹독성이고, 사망 사례도 있으므로 먹지 않는다. P.159
 새털젖버섯 독이 있으므로 먹지 않는다. P.160	 굴털이 독이 있으므로 먹지 않는다. P.161	 고동색우산버섯 독이 있으므로 먹지 않는다. P.166
애우산광대버섯 독이 있으므로 먹지 않는다. P.167	 큰주머니광대버섯 맹독성이고, 사망 사례도 있으므로 먹지 않는다. P.167	

알광대버섯아재비

맹독성이고, 사망 사례도 있으므로 먹지 않는다.

P 170

알광대버섯

맹독성으로, 먹으면 고통을 겪다 결국 사망한다.

P 171

긴골광대버섯아재비

맹독성으로 추측된다.

P 170

애광대버섯

독이 있으므로 먹지 않는다.

P 172

암회색광대버섯

독이 있으므로 먹지 않는다.

P 172

암회색광대버섯아재비

먹으면 몇 분 후 중독된다.

P 173

노란대광대버섯

독이 있으므로 먹지 않는다.

P 173

아마니타 코케리 *Amanita cokeri*

독이 있다는 의견도 있으므로 먹지 않는다.

P 174

비탈광대버섯

독이 있으므로 먹지 않는다.

P 175

붉은점박이광대버섯

독이 있으므로 먹지 않는다.

P 176

삿갓외대버섯
위장 장애 등을 일으킨다. 중독 사례가 가장 많다.　P.180

외대버섯
위장 장애 등의 중독을 일으킨다.　P.182

붉은덕다리버섯
독이 있으므로 먹지 않는다.　P.188

노랑싸리버섯
독이 있으므로 먹지 않는다.　P.195

붉은싸리버섯
독이 있으므로 먹지 않는다.　P.195

주름안장버섯
먹는 방법에 주의한다.　P.206

비단그물버섯
먹는 방법에 주의한다.　P.218

젖비단그물버섯
중독되는 경우도 있으므로 주의한다.　P.223

금버섯
독이 있으므로 먹지 않는다.　P.228

담갈색송이
중독 사례가 많다. 버섯 중독을 일으키는 트리오 중 하나.　P.232

솔버섯
체질에 따라 중독된다.
P 234

노란젖버섯
독이 있으므로 먹지 않는다.
P 235

솔미치광이버섯
독이 있으므로 먹지 않는다.
P 241

꾀꼬리버섯
독이 있으므로 먹지 않는다.
P 246

독우산광대버섯
맹독성으로 먹으면 고통을 겪다 결국 사망한다.
P 254

마귀광대버섯
위장 장애, 경련, 환각 등의 중독을 일으킨다.
P 256

쉴루스 스펙타빌리스 *Suillus spectabilis*
먹는 방법에 주의한다.
P 262

턱수염버섯
먹는 방법에 주의한다.
P 247

배불뚝이깔때기버섯
술과 함께 먹으면 중독된다.
P 270

회색깔때기버섯
체질에 따라 중독된다.
P 272

개암비늘버섯
독이 있다는 의견도 있으므로 먹지 않는다.
P 273

노랑비늘버섯
최근에 독이 있는 것이 밝혀졌다.
P.276

거친껄껄이그물버섯
먹는 방법에 주의한다.
P.290

주름우단버섯
독이 있고, 외국에서는 사망 사례도 있다.
P.284

광대버섯
위장 장애, 경련, 환각 등의 중독을 일으킨다.
P.296

큰붉은젖버섯
독이 있으므로 먹지 않는다.
P.298

폴리오타 데스트루엔스 *Pholiota destruens*
독이 있으므로 먹지 않는다.
P.295

볼레투스 베네나투스 *Boletus venenatus*
위장 장애 등의 중독을 일으킨다.
P.308

녹변나팔버섯
독이 있으므로 먹지 않는다.
P.322

나팔버섯
위장 장애 등의 중독을 일으킨다.
P.322

버섯 채취할 때 주의사항

버섯을 안전하게 채취하기 위하여

옷차림 및 장소, 채취 방법 등

주의사항을 알아둔다.

1 옷차림과 소지품
기본은 하이킹 가는 옷차림

① 모자
머리 보호를 위해 필요.

② 타월
목덜미로 잎이 들어가는 것을 막기 위해 목에 두른다.

③ 긴팔 셔츠
긴팔, 긴바지가 기본.
열매나 낙엽이 잘 붙지 않는 옷감이 좋다.

④ 허리 색(sack)
확대경, 가위, 칼 등을 넣어두기 편리.

⑤ 확대경

⑥ 가위

⑦ 칼

⑧ 배낭
산길을 걸을 때는 짐을 등에 지는 것이 좋다.

⑨ 물통
물을 반드시 가져간다.

⑩ 장갑
상처를 입지 않도록 장갑을 낀다.

⑪ 바구니
수확한 버섯은 홀씨가 여기저기 떨어지게 바구니에 넣어 들고 다닌다. 바닥이 평평한 것이 좋다.

⑫ 조깅화나 장화
바닥이 평평한 것이 좋다.
신어서 길든 신발을 이용한다.

2 장소 선정
햇빛이 적당히 들어오고 동남향의 물빠짐이 좋은 곳

버섯 종류에 따라 발생 장소가 다르다
버섯은 종류에 따라 발생하는 장소가 정해져 있다. 그러므로 채취하고 싶은 버섯에 맞는 장소를 선택한다.

다른 사람의 산에 들어가지 않는다
산은 개인이나 어떤 단체의 사유지인 경우가 있다. 산에 들어가도 되는지 미리 확인한다. 초보자는 익숙해질 때까지 전문가를 따라다닌다.

동남향인 곳이 목표지점
일반적으로 햇빛이 적당히 들어오는 동남향의 물빠짐이 좋은 곳이 버섯이 잘 발생하는 장소이다. 찾는 장소는 산책길이나 숲길 옆, 둑이 좋다. 또는 스키장 옆의 바람막이숲이나 하천 둑의 잡목림, 공원이나 고속도로휴게소의 조림지 등에서도 의외로 버섯을 볼 수 있다. 한 번 가서 채취하지 못하더라도 3~5년에 걸쳐 몇 번이나 다시 가서 찾아보는 것이 좋다. 버섯철뿐만 아니라 봄부터 찾아가서 쓰러진 나무가 있는 장소 등을 알아두는 것에서부터 버섯 채취의 즐거움이 시작된다.

비교적 가까운 참나무·상수리나무숲
표고가 낮은 곳에 발생하는 참나무·상수리나무숲. 다색벚꽃버섯, 달걀버섯, 키다리끈적버섯 등을 수확할 수 있다.

3. 수확 방법
버섯만 채취하고 주변을 망가트리지 않는다

손으로 버섯만 채취한다
대를 잡고 버섯만 채취한다. 주변을 망가트리지 않는다.

땅위에 난 버섯
대의 밑동 근처를 잡고 좌우로 흔들어서 뽑는다. 깊은 것은 대를 따라 땅속에 최대한 손을 집어넣어 대를 잡고 뽑는다. 채취한 후 흙을 살짝 덮어둔다.

그루터기나 쓰러진 나무에 난 버섯
단단한 밑동 근처를 칼로 깨끗하게 자른다. 손으로 무리하게 잡아 뽑으면 균사가 있는 나무껍질까지 벗겨져서 나중에 발생하는 양이 적어진다.

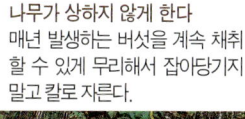

나무가 상하지 않게 한다
매년 발생하는 버섯을 계속 채취할 수 있게 무리해서 잡아당기지 말고 칼로 자른다.

4. 수확한 버섯의 취급 방법
바구니에 넣어 운반한다

수확한 버섯 선별
수확한 버섯을 종류별로 나눈다.

버섯이 발생하는 지역을 넓히기 위해 바구니에 넣어 운반하여 틈새로 홀씨가 떨어지게 한다. 비닐봉지는 홀씨가 떨어지지 않고, 뜨기 쉬우므로 이용하지 않는다. 바구니 바닥에 고사리잎 등을 깔고 잎이나 풀로 푹신하게 만들어 버섯을 세워 넣으면 버섯이 손상될 염려가 없다.

5. 그 밖의 주의사항
자신의 위치를 확인하면서 채취한다

이른 아침이 가장 좋다
버섯은 점액이 나와 윤기가 있어 보이는 이른 아침에 채취하러 가면 발견할 확률이 높다. 또, 가을산은 해가 빨리 지므로 오후 4시 전에는 내려올 수 있도록 빨리 행동한다.

자신의 위치를 항상 파악한다
버섯 채취에 열중하다보면 등산로에서 멀어지기 쉽다. 등산로와 야생동물의 이동로를 착각하지 않도록 주의한다. 또, 발 아래쪽만 계속 보면서 찾으면 자신의 위치를 모를 수 있다. 주변 상황도 살피고 위치를 확인하며, 때로는 나침반으로 동서남북을 파악해두는 것도 중요하다.

남아 있는 눈속에서 버섯 찾기
눈이 남아 있을 때부터 장소 확인도 겸해서 찾아다니며 지리를 익혀둔다.

채취한 버섯을 맛있게 먹는다
추천 버섯요리

파는 버섯처럼 이용한다

산에서 채취한 버섯을 먹는 방법도 기본적으로는 파는 버섯과 같다. 버섯에는 부드러운 감칠맛이 있어 고기나 생선, 채소 등 다른 재료와 어울리지 않는 경우가 거의 없다. 또, 간단한 직화구이부터 국, 조림, 튀김, 볶음 등 다양한 요리에 이용할 수 있다.
데쳐서 물을 버리고 조리할 때는 뜨거운 물에 넣어서 익힌 후 체로 건져 물기를 뺀다. 버섯은 날것 또는 설익은 것을 먹거나, 과식하면 중독될 수도 있으므로 모든 요리에서 확실히 익히고, 과식하지 않는다.

미리 데쳐 놓을 때는, 버섯을 물로 씻어서 티끌을 깨끗이 제거한 후 뜨거운 물에 넣어 익힌다.

깔끔한 맛의
【버섯마리네】

재료 (만들기 적당한 분량)
- 버섯 400g
- A
  - 올리브유 1컵
  - 물 1컵
  - 식초 1/2컵
  - 월계수잎 1장
  - 마늘 1쪽
  - 통후추 1작은술
  - 소금 1/2작은술
- 양상치, 크레송 .... 적당량

만드는 법
1. 버섯은 단단한 밑동을 잘라내고 물에 씻는다.
2. 법랑냄비에 A를 넣고 불에 올린다. 끓기 시작하면 약한 불로 줄여서 약 15분 졸인다.
3. ①을 ②에 넣고 약한 불로 약 15분 조린 후 불을 끈다.
4. 뜨거운 기가 없어지면 냉장고에 넣어 식혀서 양상치·크레송과 함께 그릇에 담는다.

Advice
마리네는 만들어서 바로 먹을 수도 있지만, 냉장고에 2~3일 넣어두면 맛이 잘 배어 더 맛있다.
알루미늄이나 철 등의 금속냄비를 사용하면 산과 금속이 화학반응을 일으켜 맛도 나빠지고 냄비도 손상되므로 법랑냄비를 사용한다.

다른 요리에 곁들여도 좋은
【버섯샐러드】

재료 (2인분)
- 버섯 100g
- 양상추 1/3통
- 방울토마토 2개
- 파프리카(노란색) ...... 조금
- 마늘 1쪽
- 올리브유 15cc
- 소금, 후추 .... 조금

만드는 법
1. 얇게 썬 마늘을 볼에 넣고 올리브유, 소금, 후추를 넣은 후 잘 섞어 드레싱을 만든다.
2. 버섯은 밑동을 잘라내고 물로 씻는다.
3. 냄비에 물을 끓여서 버섯을 데친다. 데친 후 체에 걸러 물기를 뺀다.
4. 한입 크기가 되게, 방울토마토는 4등분 하고, 파프리카는 얇게 썬다.
5. ③과 ④를 ①의 볼에 넣고 잘 섞어 그릇에 담는다.

다른 요리에도 이용할 수 있는
【민자주방망이버섯피클】

재료(만들기 적당한 분량)
- 민자주방망이버섯(유균) ·· 200g
- A
  - 식초 ················ 1컵
  - 소금 ················ 1큰술
  - 설탕 ················ 1큰술
  - 마늘 ················ 1쪽
  - 붉은고추(말린 것) ···· 1개
  - 월계수잎 ············ 2장
  - 정향 ················ 조금
  - 통후추 ·············· 1작은술
- 올리브유 ·············· 적당량

만드는 법
1. 민자주방망이버섯은 밑동을 잘라 물에 씻는다.
2. 냄비에 버섯을 넣고 잠길 정도로 물을 부어서 데친 후 체에 건져놓는다. 데친 물은 따로 놔둔다.
3. 법랑냄비에 A를 넣고 가열하여 끓으면 불을 끄고 식힌다.
4. 열탕 소독한 병에 ②의 버섯을 넣는다.
5. ④에 버섯 데친 물과 ③을 1:1 비율로 넣는다.
6. ⑤에 올리브유를 부어 공기와 닿지 않도록 표면에 막을 만든 후 뚜껑을 덮는다.

Advice
피클로 먹는 것 외에 조림이나 소스에 이용할 수도 있다. 병은 깨끗하게 씻어서 뜨거운 물로 열탕 소독한 후에 완전히 말려서 사용한다.

씹는 맛을 즐기는
【경수채와 버섯절임】

재료(2인분)
- 버섯 ················ 100g
- 경수채 ·············· 100g
- 소금 ················ 5~7g

만드는 법
1. 버섯은 밑동을 잘라내고 물에 씻는다.
2. 냄비에 물을 끓여서 버섯을 데친다. 익으면 체에 건져서 먹기 좋은 크기로 자른다.
3. 경수채는 씻어서 2㎝ 길이로 썬다.
4. 비닐봉지에 ②와 ③을 넣고 소금을 뿌린다. 살살 비벼서 냉장고에 넣어 하룻밤 재둔다.
5. 다음날 물기를 살짝 빼서 그릇에 담는다.

Advice
소금은 기호에 따라 더하거나 줄인다. 기준은 재료의 3% 전후. 경수채 대신 배추나 무, 순무 등 다양한 계절 채소를 사용할 수도 있다. 다시마차를 조금 넣으면 또 다른 맛이 나서 맛있다.

술안주로도 잘 어울리는
【비단그물버섯 된장무침】

재료(2인분)
- 비단그물버섯 ········ 2개
- 된장 ················ 50g
- 간장 ················ 적당량
- 파(잘게 썬 것) ······ 적당량
- 겨자(또는 고추냉이) ·· 조금
- 깻잎 ················ 2장
- 들깨송이 ············ 조금

만드는 법
1. 비단그물버섯은 밑동을 잘라내고 물에 씻는다.
2. 냄비에 물을 끓여 버섯을 넣고 데친다. 데친 것을 체에 건져서 물기를 빼고 식힌다.
3. 된장에 간장과 파를 넣어 잘 섞는다. 기호에 따라 겨자나 고추냉이를 넣어도 좋다.
4. 데친 버섯을 적당한 크기로 썬다.
5. 그릇에 깻잎을 깔고 ④를 담은 후 위에 ③을 올린다. 장식으로 들깨송이를 곁들인다.

Advice
참마 채친 것과 된장을 대충 섞은 후 데쳐서 잘게 썬 버섯과 함께 무치면 밥과 잘 어울리는 일품요리가 된다.

참깨 맛과 향을 더한
【버섯 참깨무침】

재료(2인분)
- 버섯 ········· 100g
- 메밀국수 장국 ········· 15cc
- 깨소금 ········· 조금

만드는 법
1. 버섯은 밑동을 잘라내고 물에 씻는다.
2. 냄비에 물을 끓여서 버섯을 넣고 데친다. 데친 것을 체에 건져서 물기를 뺀다.
3. 볼에 데친 버섯을 넣고 메밀국수 장국과 깨소금을 넣어 섞은 후 그릇에 담는다.

Advice
데친 버섯을 깨소금 대신 깨소스로 무치기만 해도 좋다. 호두소스 등을 이용하면 또 다른 맛과 향을 느낄 수 있다.

우동이나 메밀국수와도 어울리는
【간 무와 버섯조림】

재료(4인분)
- 버섯 ········· 200g
- 맛국물 ········· 1컵
- 소금 ········· 조금
- 간장, 청주 ········· 각 2큰술
- 무 ········· ½개
- 파(잘게 썬 것) ········· 적당량

만드는 법
1. 버섯은 밑동을 잘라내고 물에 씻어 한입 크기로 썬다.
2. 무는 껍질을 벗겨서 갈아둔다.
3. 냄비에 맛국물을 넣고 끓인 후 소금, 간장, 술을 넣는다.
4. ③에 손질한 버섯을 넣어 익힌다.
5. 버섯이 익으면 간 무를 넣고 다시 끓인다.
6. ⑤를 그릇에 담고 잘게 썬 파를 얹는다.

Advice
계절 채소나 닭고기 등을 넣으면 더 감칠맛이 있고, 또 다른 맛을 느낄 수 있다. 기호에 맞춰 맛을 조절하면 우동이나 메밀국수 국물로도 이용할 수 있다.

흰밥과 잘 어울리는
【가지튀김과 버섯조림】

재료(2인분)
- 버섯 ········· 100g
- 가지 ········· 2개
- 식용유(튀김용) ········· 적당량
- 식용유 ········· 조금
- 맛국물 ········· 1컵
- 미림 ········· 1큰술
- 간장 ········· 2큰술
- 생강(채친 것) ········· 조금

만드는 법
1. 가지는 꼭지를 제거하고 세로로 반을 자른 후 껍질쪽에 비스듬히 칼집을 넣는다.
2. ①을 170℃ 기름에 튀겨서 기름기를 잘 뺀다.
3. 버섯은 밑동을 잘라내고 물에 씻어 먹기 좋은 크기로 썬다.
4. 냄비에 식용유를 두르고 뜨거워지면 ③을 볶는다.
5. ④에 맛국물, 미림, 간장을 넣고 끓인 후 튀긴 가지를 넣어 다시 끓인다.
6. ⑤가 끓으면 그릇에 담고 채친 생강을 올린다.

Advice
조림이나 국 등에는 여러 종류의 버섯을 넣어도 좋다. 다양한 버섯의 감칠맛이 나와 깊은 맛을 느낄 수 있다.

버섯의 감칠맛을 담고 있는
【버섯 크림크로켓】

재료(4인분)
- 버섯 ································ 200g
- 양파(다진 것) ················ 1컵
- 화이트소스(된 것) ········ 1컵
- 버터 ································ 2큰술
- 와인 ································ 3큰술
- 달걀노른자 ···················· 1개
- 식용유(튀김용) ·············· 적당량
- 소금, 후추, 밀가루, 달걀 푼 것, 빵가루, 허브 ············· 조금

만드는 법
1. 버섯은 밑동을 잘라내고 물에 씻는다.
2. 버섯 중 모양이 좋은 것은 대에서 갓을 떼고, 나머지 갓과 대는 다진다.
3. 냄비에 버터를 넣고 불에 올려서 다진 양파와 다진 버섯을 볶는다.
4. ③에 와인을 넣고 소금, 후추로 간한 후 불을 끄고, 화이트소스를 넣어 잘 섞어둔다.
5. ④가 식으면 달걀노른자를 넣고 섞어 냉장고에서 식힌다.
6. 남겨둔 모양이 좋은 갓에 ⑤를 채운다.
7. ⑥에 밀가루, 달걀 푼 것, 빵가루 순서로 묻혀 180℃ 기름에 노릇노릇하게 튀긴 후 기름기를 뺀다.
8. ⑦을 그릇에 담고 기호에 따라 소스나 허브를 첨가한다.

씹는 맛과 감칠맛을 살린
【달걀버섯튀김】

재료(4인분)
- 달걀버섯 ························ 100g
- 밀가루, 달걀 푼 것, 빵가루, 식용유(튀김용), 양상추 ········· 적당량

만드는 법
1. 달걀버섯은 밑동과 주머니모양의 대주머니를 잘라내고, 갓과 대를 떼어 물에 씻는다.
2. ①에 밀가루, 달걀 푼 것, 빵가루 순서로 묻혀 180℃ 기름에 노릇하게 튀긴다.
3. ②의 기름기를 빼서 그릇에 담는다.

Advice
달걀버섯은 깊은 감칠맛이 있어서 튀기기만 해도 충분히 맛있지만, 소스를 뿌려 먹으면 더 맛있다. 추천 소스는 버섯피클과 양파를 다져서 마요네즈와 와인, 간장을 섞은 것. 기호에 따라 허브를 다져 넣어도 좋다. 밥 위에 올려서 덮밥처럼 먹어도 맛있다.

좋아하는 소스와 함께 먹을 수 있는
【먹물버섯 꼬치튀김】

재료(만들기 적당한 분량)
- 먹물버섯, 밀가루, 달걀 푼 것, 빵가루, 식용유(튀김용), 마요네즈, 바질 ································ 적당량

만드는 법
1. 먹물버섯은 어린 것을 골라서 밑동을 잘라 물에 씻는다.
2. ①을 꼬치에 낀다.
3. ②에 밀가루, 달걀 푼 것, 빵가루 순서로 묻혀 180℃ 기름에 노릇하게 튀긴다.
4. ③을 기름기를 빼서 그릇에 담는다.
5. 바질을 잘게 썰어 볼에 담고 마요네즈를 넣어 잘 섞은 후 ④에 바른다.

Advice
먹물버섯은 특별한 맛이나 향이 없으므로 소스를 잘 연구하면 다양한 맛으로 먹을 수 있다. 여기서는 마요네즈에 바질을 넣었지만, 파슬리나 차이브 등도 잘 어울린다. 타르타르 소스를 이용해도 좋다.

치즈의 깊은 맛을 더한
【달걀버섯 치즈구이】

재료(만들기 적당한 분량)
- 달걀버섯, 버터, 피자치즈 ·· 적당량

만드는 법
1. 달걀버섯은 밑동과 주머니모양의 대주머니를 잘라내고 물에 씻어서 한입 크기로 자른다.
2. 내열접시에 버터를 바른 후 ①을 놓고 위에 피자치즈를 올린다.
3. ②를 오븐토스터 기계에 넣고, 치즈가 노릇해질 때까지 굽는다.

Advice
달걀버섯 치즈구이를 토스트 한 빵에 올려 먹으면 맛있다. 달걀버섯은 맛이 진한 요리와도 잘 어울린다. 달걀버섯과 얇게 썬 양파, 저민 마늘을 버터로 볶고 소금, 후추, 와인과 화이트소스를 섞어서 내열용기에 번갈아 층층이 담아 치즈를 올려 구우면 감칠맛 풍부한 그라탕이 된다.

오징어와 버섯이 조화를 이룬
【오징어 버섯 토마토조림】

재료(4인분)
- 오징어 ····················· 1마리
- 버섯 ························· 200g
- 올리브유 ·················· 3큰술
- 마늘 ························· 1쪽
- 토마토주스 ·············· 2컵
- 콩(통조림) ················ 1컵
- 월계수잎 ·················· 1장
- 화이트와인 ·············· 3큰술
- 소금, 후추, 허브 ······ 적당량

만드는 법
1. 오징어는 내장을 제거하여 먹기 좋은 크기로 썬다.
2. 버섯은 밑동을 잘라내고 물에 씻어 먹기 좋은 크기로 썬다.
3. 냄비에 올리브유를 넣고 마늘을 볶아 향이 나면 ①과 ②를 넣는다.
4. 오징어가 하얗게 되면 토마토주스와 콩, 월계수잎을 넣어 약한 불로 졸인다.
5. 소금, 후추로 간을 한 후 걸쭉해지면 화이트와인을 넣고 한 번 더 졸여 그릇에 담고, 기호에 따라 허브를 넣는다.

Advice
기호에 따라 바질이나 타임 등을 넣어도 좋다. 오징어 대신 소시지 등으로 다양하게 만들 수 있다.

생선에서 버섯의 감칠맛이 느껴지는
【흰살생선과 버섯 크림조림】

재료(4인분)
- 버섯 ························· 200g
- 흰살생선 ·················· 4토막
- 밀가루 ····················· 적당량
- 버터 ························· 2큰술
- 마늘 ························· 1쪽
- 와인 ························· 3큰술
- 생크림 ····················· ½컵
- 말린 바질, 소금, 후추 ····· 적당량

만드는 법
1. 버섯은 밑동을 잘라내고 물에 씻어 한입 크기로 썬다.
2. 흰살생선에 소금, 후추로 밑간을 한 후 밀가루를 뿌린다.
3. 냄비에 버터와 마늘을 넣고 볶아서 향이 나면 ②에 묻은 여분의 밀가루를 털고 넣는다.
4. ③에 와인을 넣어 흰살생선의 양면을 구워 익힌 후 일단 꺼내놓는다.
5. ④의 냄비에 버섯을 넣어 익히고, 버섯이 익으면 생선을 다시 넣는다.
6. ⑤에 생크림을 넣어 한소끔 끓인 후 그릇에 담고 바질을 뿌린다.

Advice
생크림이 없을 때는 대신 우유를 사용해도 된다.

잎새버섯을 듬뿍 넣어 건강에 좋은
【무소스를 뿌린 잎새버섯 햄버그스테이크】

재료(4인분)
- 잎새버섯 ·················· 200g
- 양파(다진 것) ············· 1컵
- 쇠고기(간 것) ············· 200g
- 빵가루 ····················· 1컵
- 달걀 ························ 1개
- 식용유, 소금, 후추 ······· 조금씩
- 맛국물 ····················· 1컵
- 무(간 것) ··················· 1컵
- 간장 ························ 적당량
- 잎새버섯, 꼬투리완두(데친 것)
  ······························· 적당량

만드는 법
① 잎새버섯은 적당한 크기로 찢어서 물에 씻은 후 잘게 썬다.
② 프라이팬에 식용유를 둘러서 달군 후 잘게 썬 잎새버섯과 다진 양파를 볶아 식힌다.
③ 볼에 쇠고기 간 것, 빵가루, 달걀과 볶아둔 양파를 넣어 손으로 잘 반죽한다.
④ ③을 길고 둥글납작한 모양으로 만들어 프라이팬이나 오븐에 구워 익힌다.
⑤ 냄비에 맛국물을 넣고 끓여서 간장으로 기호에 맞게 간한다.
⑥ ⑤에 데친 잎새버섯을 넣고 끓인 후 무 간 것을 넣어 다시 끓인다.
⑦ 그릇에 ④의 햄버그스테이크를 담고 ⑥을 끼얹은 후 장식으로 데친 꼬투리완두를 올린다.

순무의 단맛이 버섯맛을 살리는
【흰살생선과 버섯 순무조림】

재료(4인분)
- 버섯 ························ 200g
- 순무(작은 것) ············· 4개
- 흰살생선 ··················· 4토막
- 맛국물 ····················· 2컵
- 청주 ························ 3큰술
- 소금 ························ 조금
- 간장 ························ 3큰술
- 미림 ························ 2큰술
- 꼬투리완두 ················ 적당량

만드는 법
① 버섯은 밑동을 잘라내고 물에 씻는다. 큰 것은 먹기 좋은 크기로 썬다.
② 순무는 껍질을 벗겨 4개로 자른다.
③ 냄비에 맛국물을 넣고 청주, 소금, 간장, 미림을 넣어 끓인다.
④ ③이 끓으면 흰살생선과 버섯과 순무를 넣어 약 15분 조린다
⑤ ④의 순무를 꺼내서 믹서에 갈아 걸쭉한 상태로 만든다.
⑥ 그릇에 ④의 흰살생선과 버섯을 담고 ⑤의 간 순무를 끼얹은 후 장식으로 꼬투리완두를 올린다.

Advice
기름을 사용하지 않아 건강에 좋은 일품요리. 간을 약하게 하면 각각의 감칠맛이 살아 맛이 훌륭하다.

일본 시나노 지방의 향토음식
【구운 버섯찐빵】

재료(2개)
- 버섯 ························ 100g
- 식용유 ····················· 조금
- 설탕 ························ 1큰술
- 된장 ························ 1큰술
- 밀가루 ····················· 120g
- 물 ··························· 적당량

만드는 법
① 버섯은 밑동을 잘라내고 물에 씻어 먹기 좋은 크기로 썬다.
② 냄비에 식용유를 넣고 달궈서 버섯을 볶는다. 버섯이 익으면 설탕, 된장을 넣어 잘 섞는다.
③ 밀가루에 물을 부어 귓불 정도의 탄력이 되게 반죽한 후 2개로 나누어 둥글게 만든다.
④ ③을 둥글게 밀어서 ②를 넣고 찐빵모양으로 만든다.
⑤ 찜기에 ④를 넣어 약 5분간 찐다.
⑥ ⑤의 찐빵을 프라이팬에서 양면이 노릇노릇하게 살짝 구워 그릇에 담는다.

Advice
구운 버섯찐빵은 일본 시나노[信濃] 지방의 향토음식이다. 따끈한 차와 함께 색다른 맛을 느껴본다.

술을 마시고 먹으면 최고
【송이 오차쓰케】

재료(1인분)
- 송이 ·············· 1개
- 밥 ················ 적당량
- 다시마차, 간장 ······ 조금씩

만드는 법
1. 송이는 밑동을 잘라내고 물에 씻어 2개로 찢는다.
2. 송이를 석쇠에 올려 숯불에 굽는다.
3. 송이를 적당한 크기로 자르거나 찢는다.
4. 그릇에 밥을 담고 구운 송이를 올린다. 다시마차와 간장을 넣고 위에서부터 뜨거운 물을 붓는다.

Advice
송이 1개를 사용하는 고급 오차쓰케(녹차에 밥을 말아먹는 일본요리)는 술을 마시고 마지막에 먹는 음식으로는 최고이다. 숯불 대신에 오븐토스터 기계나 생선 굽는 그릴을 이용해도 좋다. 송이는 오래되면 표면에 다른 균이 붙으므로 신선한 것을 사용한다. 파는 송이를 사용할 때도 반드시 잘 씻어서 이용한다.

감칠맛이 풍부한
【버섯죽】

재료(4인분)
- 버섯 ················ 200g
- 밥 ·················· 4컵
- 맛국물 ··············· 5컵
- 소금 ················· 조금
- 간장, 청주 ············ 각 3큰술
- 파드득나물, 파 ········ 적당량
- 달걀 ················· 1개

만드는 법
1. 버섯은 밑동을 잘라서 물에 씻고, 큰 것은 먹기 좋은 크기로 썬다.
2. 밥은 뜨거운 물에 넣어 30분 정도 불렸다가 체에 건져서 찬물로 가볍게 씻는다.
3. 냄비에 불린 밥을 넣고 맛국물을 잠길락 말락한 것보다 조금 많이 넣고 소금, 간장, 청주와 버섯을 넣은 후 뚜껑을 덮어서 끓인다.
4. 뽀글뽀글 끓어오르면 잘게 썬 파드득나물과 파를 넣고, 나중에 달걀을 풀어 넣는다.
5. ④의 뚜껑을 덮고 바로 불을 꺼서 약 2분 뜸을 들인 후 뚜껑을 열고 그릇에 담는다.

마음이 안정되는 맛
【버섯수제비】

재료(2인분)
- 버섯 ················ 100g
- 밀가루 ··············· 50g
- 물 ··················· 적당량
- 돼지고기 안심(얇게 썬 것) 50g
- 맛국물 ··············· 2컵
- 된장 ················· 적당량
- 파 ··················· 10㎝
- 경수채 ··············· 조금

만드는 법
1. 버섯은 밑동을 잘라내고 물에 씻는다. 버섯과 돼지고기를 먹기 좋은 크기로 썬다.
2. 밀가루에 물을 넣어 귓불 정도의 탄력으로 반죽한 후 엄지손가락 크기로 떼어낸다.
3. 냄비에 맛국물을 넣고 끓인 후 돼지고기를 넣는다.
4. 다시 끓어오르면 지저분한 것은 걷어내고 버섯을 넣는다.
5. ④에 떼어낸 밀가루 반죽을 엄지손가락으로 눌러 펴 넣는다.
6. 된장과 파를 썰어 넣어 한소끔 끓인 후 그릇에 담아 경수채를 올린다.

Advice
일본식 수제비 같은 것으로, 옛날부터 전해오는 일본 기타시나노[北信濃] 지방의 요리다. 지금은 시나노[信濃]의 민족 무형문화재로 지정되어 있다.

산의 맛과 향이 가득한
【산채 버섯덮밥】

재료(2인분)
- 버섯(병조림) ············ 100g
- 독활 ··················· 1개
- 맛국물 ················· 1컵
- 간장 ··················· 2큰술
- 미림 ··················· 2큰술
- 달걀 ··················· 2개
- 밥 ····················· 적당량

만드는 법
1. 독활은 껍질을 벗겨 먹기 좋은 크기로 썬다.
2. 냄비에 맛국물, 간장, 미림을 넣어서 끓인다.
3. ②가 끓으면 버섯과 독활을 넣고 다시 끓인다.
4. ③에 달걀을 풀어 넣고 바로 뚜껑을 덮어 불을 끈 후 약 1분 뜸을 들인다.
5. 그릇에 밥을 담고 위에 ④를 올린다.

Advice

여기서는 병조림 버섯을 사용하였지만, 염장 보관한 버섯이나 신선한 버섯도 상관없다. 염장 보관한 버섯을 사용할 때는 물에 담가서 소금기를 빼고 사용한다.

버섯요리의 기본
【버섯우동】

재료(2인분)
- 버섯 ··················· 150g
- 맛국물 ················· 3컵
- 간장 ··················· 4큰술
- 미림 ··················· 3큰술
- 우동 ··················· 2사리
- 돼지고기(또는 닭고기) ··· 50g
- 죽순(데친 것) ··········· 적당량
- 경수채 ················· 조금

만드는 법
1. 버섯은 밑동을 잘라내고 물에 씻어 한 입 크기로 썬다.
2. 냄비에 맛국물, 간장, 미림을 넣고 끓인 후 버섯과 돼지고기(또는 닭고기)를 넣는다.
3. ②가 끓으면 지저분한 것을 걷어내고 우동을 넣는다.
4. 약 5분 끓여서 그릇에 담고 죽순과 경수채를 올린다.

Advice

버섯 산지로 유명한 일본의 신슈[信州]에서는 버섯우동에 가지를 살 넣는다. 색은 바래지만 버섯의 맛과 향이 충분히 배서 물렁물렁해진 가지는 아주 맛있다. 꼭 곁들였으면 하는 재료이다.

감칠맛이 농축된
【버섯파스타】

재료(만들기 적당한 분량)
- 말린 버섯 ··············· 20~30g
- 파스타 ·················· 80g
- 마늘 ··················· 1쪽
- 올리브유 ················ 2~3큰술
- 생크림 ·················· 3~4큰술
- 소금, 후추 ·············· 적당량
- 버섯가루(그물버섯) ······· 조금
- 이탈리안 파슬리 ·········· 적당량

만드는 법
1. 버섯은 미지근한 물에 약 20분 담가 불린다. 마늘은 얇게 저민다.
2. 파스타는 표시된 시간대로 삶는다.
3. 프라이팬에 올리브유와 저민 마늘을 넣어 볶고, 향이 나면 불린 버섯을 살짝 짜서 넣고 볶는다. 버섯 불린 물은 그냥 둔다.
4. 버섯이 익으면 버섯 불린 물 $\frac{1}{3}$컵과 생크림을 넣고 소금, 후추로 양념한다.
5. ④에 삶은 파스타를 넣어 잘 섞는다.
6. ⑤를 그릇에 담고 기호대로 버섯가루를 뿌리고 이탈리안 파슬리를 얹는다.

Advice

말린 버섯을 이용할 때는 불린 물을 버리지 않고 사용하는 것이 요령이다.

버섯을 많이 채취했을 때에는 보관한다

버섯 보관방법

보관하면 감칠맛이 좋아진다

버섯을 많이 채취하여 다 먹지 못하고 남은 것은 보관할 수 있다. 보관방법에는 몇 가지가 있는데, 대표적인 것이 '염장', '냉동보관', '건조', '올리브유절임', '병조림'의 5가지. 보관하면 감칠맛이 농축되거나 다른 감칠맛이 더해진다.

버섯을 많이 채취한 경우 먹고 남는 것은 보관한다.

1 데쳐서 소금에 절이는 염장

데치면 버섯에서 수분이 나오므로 물은 적게 한다.

만드는 법

① 버섯은 먼지를 털고 밑동을 잘라낸 후 간단히 물에 씻는다. 이 단계에서는 그다지 정성들여 씻지 않아도 된다.
② 냄비에 물을 조금 넣고 끓인다. 물을 조금 넣는 것은 데칠 때 버섯에서 수분이 나오기 때문이다.
③ 물이 끓기 시작하면 씻어둔 버섯을 넣고 버섯이 붙지 않게 저어가며 데친다.
④ 버섯이 익으면 불을 끄고 완전히 식을 때까지 둔다.
⑤ 버섯을 보관할 용기에 소금을 뿌린 후 버섯을 바닥에 펴듯이 늘어놓고, 위에 또 소금을 뿌린다.
⑥ ⑤를 반복하며, 마지막에는 소금을 많이 뿌리고 감잎이나 얼룩조릿대, 엽란(랩도 가능) 등을 씌워 뚜껑을 놓고 누름돌을 올린다.
⑦ 마지막으로 버섯 데친 물을 부어, 버섯이 공기와 접촉하지 않도록 한다.

용기에 소금을 뿌리고 버섯, 소금을 번갈아 넣는다.

Advice

소금은 녹지 않고 남아 있는 상태가 되도록 충분히 넣는다. 또, 많이 수확하면 그 위에 더 넣어도 된다. 버섯을 이용할 때는 필요한 양만큼 물에 담가서 소금기를 뺀다. 물의 온도나 버섯 크기에 따라 다르므로 소금기가 빠진 것은 느낌으로 보고 확인한다.

2 데친 물과 함께 냉동하는 냉동보관

만드는 법

① 버섯은 밑동을 잘라내고 먼지를 털어 깨끗이 씻는다.
② 버섯을 사용하기 좋게 얇게 자르거나 4등분한다.
③ 냄비에 물을 조금 넣고 끓인다. 물을 적게 넣는 것은 데치면 버섯에서 수분이 나오기 때문이다.
④ 물이 끓으면 자른 버섯을 넣고 서로 붙지 않게 저어가며 데친다.
⑤ 버섯이 익으면 불을 끄고 완전히 식을 때까지 둔다.
⑥ 식힌 버섯을 데친 물과 함께 지퍼백에 1회 사용할 분량씩 나눠 넣는다.
⑦ ⑥을 평평하게 만들어 냉동고에 겹겹이 넣어 얼린다.

Advice

지퍼백을 닫을 때는 가능하면 공기가 들어가지 않게 한다. 판모양으로 얼린 것을 그대로 이용한다.

3 통풍이 잘 되는 곳에서 말리는 **건조**

만드는 법
❶ 버섯은 밑동을 잘라내고, 큰 것은 적당한 크기로 썬다. 먼지를 턴 후 물에 씻지 말고 솔로 지저분한 것을 떼어내는 정도로 하여 실에 꿴다.
❷ 처마 끝 등 통풍이 잘 되는 곳에 ①을 매달아 말린다. 말랐다 습해지는 것이 반복되면 색과 향이 나빠지므로, 가능하면 짧은 시간에 속까지 충분히 말린다. 덜 말랐을 때는 냉장고 뒤쪽 가까이에 매달아두면 바싹 마른다(단, 냉장고가 벽에 붙지 않은 경우).
❸ 충분히 말랐으면 건조제를 넣은 밀폐용기나 밀폐봉투에 넣어 어둡고 서늘한 곳에 보관한다.

햇빛에 말린 버섯은 영양가 높다.

수입해서 판매하는 건조 버섯도 있다.

Advice
말린 버섯은 미지근한 물에 불려서 이용한다. 불린 물은 감칠맛과 영양이 녹아 있으므로, 버리지 않고 사용하는 것이 요령이다. 파는 것은 건조기를 사용하여 색도 깨끗하지만, 가정에서는 자연 건조시키기 때문에 색이 깨끗하지 않은 경우가 많다. 그러나 버섯은 햇빛에 말리면 감칠맛이 좋고, 영양가도 높아지므로 영양적으로는 자연 건조시킨 것이 가치가 있다.

4 데쳐서 올리브유에 절이는 **올리브유절임**

만드는 법
❶ 버섯은 밑동을 잘라내고 먼지를 털어 물에 깨끗이 씻는다.
❷ 냄비에 버섯을 넣고 물이 잠길락말락하게 넣어 익힌다.
❸ 버섯이 익으면 체에 건져서 물기를 뺀 후 열탕 소독한 병에 70% 정도 넣고, 올리브유를 입구까지 넣은 후 뚜껑을 닫아 밀폐한다. 가능하면 잡균이 들어가지 않게 빨리 한다.

Advice
병은 깨끗이 씻어서 뜨거운 물을 부어 완전히 말려 사용한다. 보관할 때는 어둡고 서늘한 곳에 둔다. 단, 염장이나 건조한 것만큼 오래 보관할 수는 없으므로 가능하면 빨리 사용한다. 기호에 따라 와인 비니거(서양 식초의 하나)나 고추, 마늘, 허브 등을 넣어도 좋다. 요리에 곁들이거나 파스타, 조림 등에 사용한다. 올리브유도 버리지 말고 사용한다.

5 데친 물에 넣어 보관하는 **병조림**

만드는 법
❶ 버섯은 밑동을 잘라내고 먼지를 털어 물에 깨끗이 씻는다.
❷ 냄비에 버섯을 넣고 물을 잠길락말락할 정도로 넣어 익힌다.
❸ 버섯이 익으면 열탕 소독한 병에 데친 물과 함께 넣고 뚜껑을 닫아 밀폐한다.

데친 물째 병에 넣고 보관하며 물도 사용한다.

Advice
병은 깨끗이 씻어서 뜨거운 물을 부어 깨끗하게 말려 사용한다. 보관할 때는 어둡고 서늘한 곳에 둔다. 단, 염장이나 건조한 것만큼 오래 보관할 수는 없으므로 가능하면 빨리 사용한다. 양념한 것도 똑같은 방법으로 보관할 수 있다. 이용할 때는 물도 버리지 않고 함께 사용한다.

사진 INDEX

INDEX

· 굵은 항목명은 표준 식물명이고, 가는 항목명은 별명.

ㄱ

073	가다발	83
282	가랑잎이끼살이버섯	310
084	가마애주름버섯	94
191	가지깃싸리버섯	194
062	가지버섯	70
092	가지색그물버섯	104
135	가지색끈적버섯	145
116	갈색고리갓버섯	128
022	갈색먹물버섯	31
038	갈색털고무버섯	41
133	갈황색미치광이버섯	143
162	개나리광대버섯	170
242	개능이	250
120	개암버섯	132
256	개암비늘버섯	273
269	거친껄껄이그물버섯	290
121	검은비늘버섯	134
104	검은산그물버섯	114
182	검은잔나비버섯	190
094	검정그물버섯	106
180	검정대겨울우산버섯	189
180	검정대버섯	189
177	고깔먹물버섯	185
158	고동색우산버섯	166
002	곰보버섯	11
199	곰푸스 푸르푸라케우스	202
275	광대버섯	296
118	광비늘주름버섯	129
029	구름버섯	36
029	구름송편버섯	36
090	구릿빛그물버섯	102
185	국수버섯	191
152	굴털이	161
153	굴털이아재비	161
241	굽더덕이	248
174	굽은외대버섯	182
106	귀신그물버섯	116
089	그물버섯아재비	100
073	글쿠버섯	83
227	금버섯	228
122	금빛비늘버섯	135
098	기로돈 리비두스	110
154	기와버섯	162
217	기형기생버섯	212
163	긴골광대버섯아재비	170
205	긴대주발버섯	206
082	긴뿌리버섯	92
194	긴수염버섯	198
243	까치버섯	251
279	깔때기꾀꼬리버섯	305
146	깔때기무당버섯	158
072	깔때기버섯	80
088	껄껄이그물버섯	98
117	꼬마주름버섯	129
245	꽃송이버섯	252
195	꽃흰목이	199
257	꽈리비늘버섯	274
239	꾀꼬리버섯	246
075	꿀버섯	84
078	끈적긴뿌리버섯아재비	86
277	끈적마개버섯	302
290	끈적버섯	320

ㄴ

119	나도팽나무버섯	130
293	나팔버섯	322
175	난버섯	183
063	남빛밤버섯	71
144	냄새무당버섯	154
076	넓은주름긴뿌리버섯	85
076	넓은솔버섯	85
124	노란갓비늘버섯	136
137	노란구름벚꽃버섯	147
101	노란길민그물버섯	112
050	노란다발	50
168	노란대광대버섯	173
087	노란대껄껄이그물버섯	97
087	노란대쓴맛그물버섯	97
118	노란대주름버섯	129
237	노란띠버섯	242
040	노란말뚝버섯	42
086	노란애주름버섯	96
231	노란젖버섯	235
188	노란창싸리버섯	193
175	노란치마버섯아재비	183
261	노란털벚꽃버섯	278
129	노랑끈적버섯	140
258	노랑비늘버섯	276
192	노랑싸리버섯	195
197	노루궁뎅이	200
043	노린재동충하초	45
293	녹변나팔버섯	322
251	녹슬은비단그물버섯	264
285	누룩젖버섯	311
108	느타리	118
061	느티만가닥버섯	68
112	능이	123
069	늦은호엔부엘버섯	75

ㄷ

176	다람쥐눈물버섯	184
138	다색벚꽃버섯	148
201	다크리미케스 아바란티우스	203
216	다형콩꼬투리버섯	212
161	달걀버섯	168
229	담갈색송이	232
044	담배피우는버섯	46
184	덕다리	191
080	독깔때기버섯	88
057	독송이	63
247	독우산광대버섯	254
127	독청버섯	139
049	독청버섯아재비	49
025	독황토버섯	33
043	동충하초	44
020	두엄먹물버섯	28
035	들주발버섯	40
268	등색껄껄이그물버섯	288
113	등색주름버섯	124
200	등황색아교뿔버섯	203
262	딕티오포라 두프리카타	281
060	땅디버섯	66
052	땅지네버섯	56
052	땅찌만가닥버섯	56
052	땅찌버섯	56

ㄹ

209	레오티아 스티피타타	208
273	로이코폴리오타 데코로사	294
142	루술라 비리디루브롤림바타	153
288	리마켈라 일리나타	316

ㅁ

248	마귀광대버섯	256
207	마귀숟갈버섯	207
023	말똥버섯	32
044	말불버섯	46
081	맑은애주름버섯	90
119	맛버섯	131
226	맛솔방울버섯	227
262	망태버섯	280
043	매미동충하초	45
019	먹물버섯	26
243	먹버섯	251
214	먼지버섯	210
056	모래꽃만가닥버섯	63
004	모래배꼽버섯	12
002	모르켈라 코니카	11
193	목이	196
234	못버섯	240
242	무늬노루털버섯	250
144	무낭버섯	154
008	무데기버섯	16
126	무리우산버섯	138
082	민긴뿌리버섯	92
062	민자주방망이버섯	70
172	밀버섯	178

ㅂ

045	반구독청버섯	47
260	반달못버섯	277
055	반투명만가닥버섯	62
099	밤꽃그물버섯	111
008	방망이버섯	16
187	방망이싸리버섯	192
253	방망이황금그물버섯	268
001	방패외대버섯	10
254	배불뚝이깔때기버섯	270
139	배젖버섯	150
039	뱀버섯	42
067	버터애기버섯	74
043	번데기동충하초	44
030	벌집구멍장이버섯	36
030	벌집버섯	36
210	변형술잔녹청균	208
190	볏싸리버섯	194
290	보라끈적버섯	320
141	보라변색젖버섯	152
280	볼레텔루스 미라빌리스	306
281	볼레투스 베네나투스	308
093	볼레투스 움브리니포루스	105
204	볼비티우스 종류	205
183	불로초	190
097	붉은그물버섯	109
179	붉은덕다리버섯	188
221	붉은비단그물버섯	222
016	붉은산꽃버섯	24
016	붉은산벚꽃버섯	24
228	붉은송이	230
192	붉은싸리버섯	195
171	붉은점박이광대버섯	176
286	붉은젖버섯	312
189	붉은창싸리버섯	193
123	비늘버섯	136
219	비단그물버섯	218
170	비탈광대버섯	175
096	빨간구멍그물버섯	108
073	뽕나무버섯	82
074	뽕나무버섯부치	84
212	뿔나팔버섯	209

ㅅ

036	사르코스키파 오키덴탈리스	40
100	산그물버섯	111
109	산느타리	120
244	살갗갈색깔때기버섯	251
173	삿갓외대버섯	180
151	새털젖버섯	160
054	서리버섯	60
003	선녀낙엽버섯	12
083	세로줄애주름버섯	94
215	세발버섯	211
021	소녀먹물버섯	30
202	소혀버섯	204
136	솔땀버섯	146
236	솔미치광이버섯	241
105	솔방울귀신그물버섯	115
106	솔방울그물버섯	116
230	솔버섯	234
289	솜끈적버섯	318
278	솜털갈매못버섯	304
032	송로버섯	37
223	송이	224
224	송이아재비	226
198	수실노루궁뎅이	202
091	수원그물버섯	104
250	쉴루스 스펙타빌리스	262
009	스트로빌루루스 오시마이	18
128	스트로파리아 아이루기노사	139
191	실빗자루버섯	194
192	싸리버섯	195
200	싸리아교뿔버섯	203
291	쓰가불로초	320
053	쓴송이	58

ㅇ

169	아마니타 코케리	174
157	아마니타 하마다이	165
042	안장마귀곰보버섯	43
164	알광대버섯	171
162	알광대버섯아재비	170
292	알바트렐루스 페스카프라이	321
166	암회색광대버섯	172
167	암회색광대버섯아재비	173
165	애광대버섯	172
177	애기고깔버섯	185
146	애기깔때기버섯	158
140	애기젖버섯	152
143	애기털젖버섯	153
159	애우산광대버섯	167
079	애주름버섯	87
170	양파광대버섯	175
032	여름갈고리덩이버섯	37
115	여우갓버섯	128
044	여우방귀버섯	46
060	연기색만가닥버섯	66
209	연두색콩두건버섯	208
183	영지	190
033	옥타비아니나 아스테로스페르마	38
010	왕송이버섯	20
181	왕잎새버섯	189
172	외대덧버섯	178
174	외대버섯	182
156	우산버섯	165
153	우유젖버섯	161
029	운지	36
015	이끼꽃버섯	23
015	이끼벚꽃버섯	23
283	이끼살이버섯	310
259	일본낭피버섯	276
019	잉크버섯	27
178	잎새버섯	186

ㅈ

077	자국눈억새버섯	86
270	자작나무버섯	292
186	자주국수버섯	192
006	자주방망이버섯아재비	14
007	자주졸각버섯	15
184	잔나비걸상	191
184	잔나비불로초	191
028	잣버섯	35
264	장미주걱목이	282
171	잿빛달갈버섯	177
008	잿빛만가닥버섯	16
284	적갈색벚꽃버섯	311
085	적갈색애주름버섯	95
148	절구버섯	159
149	절구버섯아재비	159
068	점박이애기버섯	74
203	점질대애주름버섯	205
088	접시껄껄이그물버섯	98
139	젖버섯	150
232	젖버섯아재비	236
222	젖비단그물버섯	223
161	제왕버섯	168
203	젤리애주름버섯	205
265	조개버섯	283
017	족제비눈물버섯	25
102	좀노란그물버섯	113
102	좀노란밤그물버섯	113
024	좀말똥버섯	32
031	좀목이	37
047	좀환각버섯	48
041	주걱창싸리버섯	43

206	주름안장버섯	206	252	큰비단그물버섯	266	112	향버섯	123
267	주름우단버섯	284	225	큰전나무버섯	227	064	헛깔때기버섯	71
037	주발버섯	41	012	큰졸각버섯	21	263	혓바늘목이	282
058	쥐버섯	64	160	큰주머니광대버섯	167	004	혹얼룩배꼽버섯	12
			034	키아투스 올라	39	070	화경버섯	76
						249	황금그물버섯	260

ㅊ

ㅌ

						208	황금넓적콩나물버섯	207
271	차가버섯	292	114	턱받이금버섯	126	155	황금무당버섯	164
130	차양끈적버섯	142	240	턱수염버섯	247	011	황소낙엽버섯	20
073	참나무가다발	83	105	털귀신그물버섯	115	218	황소비단그물버섯	216
069	참부채버섯	75	082	털긴뿌리버섯	93	255	회색깔때기버섯	272
014	처녀버섯	23	193	털목이	197	193	흐르레기	196
008	천댁쟁이	16	103	털밤그물버섯	113	092	흑자색그물버섯	104
154	청갈버섯	162	211	털작은입술잔버섯	209	104	흑자색산그물버섯	114
145	청머루무당버섯	156	095	튼그물버섯	107	147	흙무당버섯	158
154	청버섯	162				241	흰굴뚝버섯	248
213	초록방패버섯	210				110	흰느타리	122
196	치마버섯	199				272	흰보라끈적버섯	293
194	침버섯	198				004	흰볼록버섯	12
046	침비늘버섯	48				125	흰비늘버섯	137
236	침투미치광이버섯	240				013	흰색처녀버섯	22

ㅍ

			111	파누스 토룰로수스	122	005	흰우단버섯	13
			071	팽나무버섯	78	066	흰주름만가닥버섯	73
			071	팽이버섯	78	027	흰주름버섯	34

ㅋ

			274	폴리오타 데스트루엔스	295	238	히그로푸스 히포테유스 소형종	244
043	코르디켑스 야포니카	45	107	표고	117	287	히그로푸스 히포테유스	314
043	코르디켑스 카피타타	45	135	푸른끈적버섯아재비	145			
134	코르티나리우스 네모렌시스	144	150	푸른주름무당버섯	160			
131	코르티나리우스 볼라리스	142	048	프실로키베 아르겐티페스	49			
132	코르티나리우스 트리비알리스	143	051	프실로키베 파스키아타	52			
169	코커광대버섯	174						
079	콩나물애주름버섯	87						

ㅎ

026	큰갓버섯	34	065	하늘색깔때기버섯	72
220	큰그물버섯	220	019	하룻밤버섯	27
018	큰눈물버섯	25	246	한입버섯	253
233	큰마개버섯	238	059	할미송이	65
276	큰붉은젖버섯	298	266	해면버섯	283

저 자 · 감 수 소 개

고미야마 가츠지 _KOMIYAMA KATSUJI

1942년 시가[滋賀]현 모리야마[守山]시 출생. 1976년 나가노[長野]현 스자카[須坂]시 미네노하라[峰の原]고원에서 '버섯 펜션'을 개업하여 현재에 이른다. 저서로 『포켓가이드 버섯』『버섯가이드』『구별해서 채취하여 먹는 버섯』 등이 있다. 그 밖에 자연과학도서에 사진을 다수 제공하고 있다.

김현정

동아대 원예학과를 졸업하고 일본 니가타[新潟]국립대학 원예학 석사·박사 취득. 건국대 원예학과 박사 후 연구원, 학부 및 대학원 강사를 거쳐 현재 부산 경상대 플로리스트학과 겸임교수.

YOKU WAKARU KINOKO DAIZUKAN by KOMIYAMA Katsuji
Copyright ⓒ 2007 by KOMIYAMA Katsuji
All rights reserved.
Original Japanese edition published by Nagaoka Shoten Ltd.
Korean translation rights arranged with Nagaoka Shoten Ltd.
through BESTUN KOREA Agency
Korean translation rights ⓒ 2008 Donghak Publishing Co.

이 책의 한국어판 저작권은 BESTUN KOREA Agency를 통해 일본 저작권자와 독점 계약한 동학사(그린홈)에 있습니다.
저작권법에 의해 한국 내에서 보호를 받는 저작물이므로 무단전재나 복제, 광전자 매체 수록 등을 금합니다.

버섯 대백과

펴 낸 이 | 유재영
펴 낸 곳 | 동학사
옮긴이·감수 | 김현정
기   획 | 이화진
편   집 | 김기숙
디 자 인 | 김보영

1판 1쇄 | 2008년 12월 12일
1판 5쇄 | 2016년 1월 20일
출판등록 | 1987년 11월 27일 제10-149

주소 | 04083 서울 마포구 토정로 53 (합정동)
전화 | 324-6130, 324-6131 · 팩스 | 324-6135
E-메일 | dhsbook@hanmail.net
홈페이지 | www.donghaksa.co.kr | www.green-home.co.kr
ISBN 978-89-7190-257-8 03480

● 잘못된 책은 바꾸어 드립니다.

Green Home 은 자연과 함께 하는 건강한 삶, 반려동물과의 감성 교류, 내 몸을 위한 치유 등 지친 현대인의 생활에 활력을 주고 마음을 힐링시키는 자연주의 라이프를 추구합니다.